四时之趣

细工花饰的创意手作笔记

竹村茶茶 —— 编著

爱林博悦 —— 主编

人民邮电出版社

北京

图书在版编目（CIP）数据

细工花饰的创意手作笔记：四时之趣 / 竹村茶茶编著；爱林博悦主编. -- 北京：人民邮电出版社，2022.4
ISBN 978-7-115-58308-6

Ⅰ．①细… Ⅱ．①竹… ②爱… Ⅲ．①布艺品－手工艺品－制作 Ⅳ．①TS973.51

中国版本图书馆CIP数据核字(2021)第261980号

内 容 提 要

细工是一种日本制作饰品的传统工艺，用细工制作的饰品精巧、别致、端庄，富有和风韵味。本书介绍了细工饰品的制作方法。

本书共5章。第1章介绍制作细工饰品需要准备的工具、基础材料及主要配件；第2章详细讲解细工花饰的制作步骤和基础技法，包括布料的准备工作、如何制作底座及不同造型的捏片制作技法；第3章讲解7款基本捏片造型饰品的制作方法；第4章以四季作为区分，讲解16款适合不同季节的细工饰品的制作方法；第5章介绍用新材料制作细工饰品的创意制作方法。

本书作品唯美、讲解细致，适合手工爱好者阅读，也可作为相关行业的教学参考书。

◆ 编　著　竹村茶茶
　　主　编　爱林博悦
　　责任编辑　宋　倩
　　责任印制　周昇亮
◆ 人民邮电出版社出版发行　北京市丰台区成寿寺路 11 号
　邮编　100164　电子邮件　315@ptpress.com.cn
　网址　https://www.ptpress.com.cn
　北京富诚彩色印刷有限公司印刷
◆ 开本：690×970　1/16
　印张：11.5　　　　　　　　2022 年 4 月第 1 版
　字数：199 千字　　　　　　2022 年 4 月北京第 1 次印刷

定价：69.80 元

读者服务热线：(010)81055296　印装质量热线：(010)81055316
反盗版热线：(010)81055315
广告经营许可证：京东市监广登字 20170147 号

前言

大家好，我是竹村茶茶。

首先诚挚感谢您购买本书。这是我的第一本细工书，虽不敢说尽善尽美，但书中是我数年来所学所用，在忠实于细工传统的基础上总结的一些个人创作经验，希望能够对您有所助益。

收到人民邮电出版社的邀请时，正是我接触细工的第四年。这四年间，我被细工深深地迷住了，见识了许多由创作者创造的细工小世界。传统细工以花簪为主要形式，随着时代的发展，新的工具、黏合剂、布料等材料被不断地开发出来，这些新元素影响了细工创作。大道至简，细工基础技法是如此简单，这也使它拥有无限的包容力。现代细工的创作者在基础细工制作工艺的基础上推陈出新、积极探索，形成了非常多的新风格，开发了很多新做法。我也欣然加入了这个探索的队伍，四年间虽没什么了不起的成就，却也得到一些赞赏，这给我带来了创作这本书并与您相遇的机缘。

我的细工制作风格比较现代，传统细工花簪是营养丰富的土壤，在进行了深入的学习之后，我选择开拓新的风格，所以本书（包括使用的工具材料、运用的造型手法等）整体风格是偏向非传统的、便于家庭操作的。本书不但收录了主流的、基于传统细工发展出来的制作方法，还收录了许多我个人开发的独特技法，希望能够抛砖引玉。因为市面上现有的细工书多由日本创作者创作，一些工具和材料对我们而言比较陌生，为了方便读者实践，本书使用的工具和材料都更贴近我们的生活。

细工工艺从诞生至今已流传数百年，在这个开放创新的时代，它又获得了耀眼的活力，重新焕发生机，愈来愈百花齐放。如果本书能够让您感受到细工制作的妙处，得到一些创作的快乐，便是这项历久弥新的手艺在跨越数百年时光中产生的又一个小小的奇迹了。

竹村茶茶 于浅草

CONTENTS

目录

第3章

制作基本捏片造型的饰品

第4章

捏片的变化及运用示例

第5章

新材料的运用——生活中的美好

第1章

制作前的准备

"巧妇难为无米之炊"，

了解使用的工具，准备需要的材料，

是开始制作前重要的一步。

1.1　工具

制作细工花饰作品是非常需要耐心和时间的，因此我们可以合理地利用一些工具来辅助制作，这样不仅可以提高效率，还能让成品更加精致。

常见基础工具

下面简单介绍细工花饰制作常常会用到的基础工具，拥有这些工具基本上就可以满足各种各样的细工制作需求了。后续随着制作的深入，大家继续研究，自己去发现其他好用的新工具也是一种独特的乐趣。

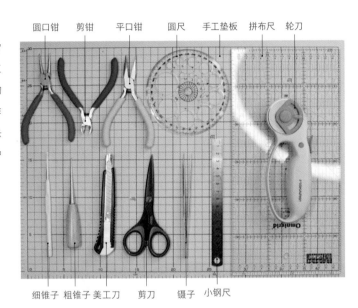

圆口钳　剪钳　平口钳　圆尺　手工垫板　拼布尺　轮刀

细锥子　粗锥子　美工刀　剪刀　镊子　小钢尺

◆ 工具介绍

镊子

细工花饰制作必不可少的工具，细工花饰作品的主要造型制作全靠它。挑选镊子时，应以细长平整、两条腿可完全合拢的为佳。

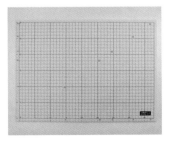

手工垫板

不仅准备切片的时候需要用到手工垫板，制作时将其铺垫在桌上还有保护桌面、提供尺寸参考等功能，非常便利。

轮刀

有了它可以很方便地切出边缘平整的正方形布片。因为是刀具，所以需要注意使用安全和日常保养。

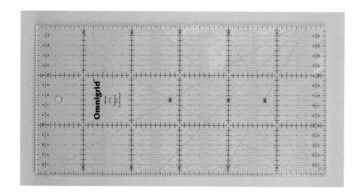

拼布尺

幅面宽广方便固定，切布时不容易歪斜。用拼布尺配合手工垫板的刻度，可以切出各种尺寸的布片。

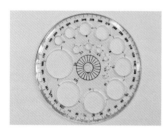

圆尺

集合了各种尺寸的圆形模板的尺子是制作底座的好帮手。

小钢尺

轻便的小尺子，在确认尺寸时大有用处。

粗锥子

功能众多的实用单品，在打孔、局部抹胶时用它非常方便。

剪钳

适用于剪断铁丝、细节修剪的钳子。

圆口钳

适用于挂环造型的钳子。

平口钳

适用于造型、整理的钳子。

美工刀

实用辅助工具，在细工花饰制作里，切割保丽龙球是它的主要功能。

剪刀

剪除余布、修剪形状的必备工具。如果没有切布工具（如轮刀、拼布尺等），也可以用剪刀来切片。

细锥子

尖部细长，可以非常方便地给卡纸、保丽龙球等底座打孔。

黏合工具

请注意，作为黏合工具的白乳胶，其功能和后面浆布时用到的白乳胶的功能有所区别。

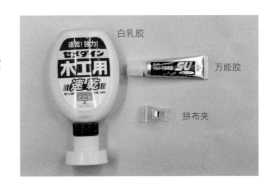

白乳胶

万能胶

拼布夹

◆ 工具介绍

白乳胶

用于黏合真丝、棉等材料，黏稠度可自由调整，干燥速度快且干后呈透明状，非常实用。

万能胶

适用于木料、金属、玻璃等材料的黏合剂，在黏合特殊部件时非常有用。

拼布夹

在等待胶水干透时起固定作用，是提高制作效率的好帮手。

浆布工具

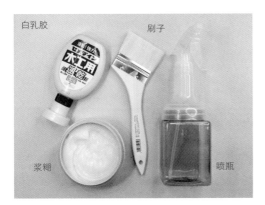

白乳胶

刷子

浆糊

喷瓶

◆ 工具介绍

白乳胶

水性黏合剂，是一种主要浆料，用它浆出来的布料挺括有筋骨，不易脱丝。浆布时，白乳胶和浆糊选用一种即可。

浆糊

另一种主要浆料，一般用淀粉制成，用它浆出来的布料柔软平整，是最传统的浆料。本书的案例都采用浆糊浆布。

喷瓶

调制浆料、均匀喷洒浆液在布料上的重要工具。

刷子

刷去多余浆料、将布料梳理平整的工具。

染色工具

运用多种多样的染色工具，我们可以将布料染制出各种不同的效果。

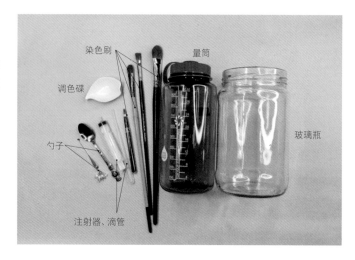

染色刷　量筒

调色碟

勺子

玻璃瓶

注射器、滴管

◆ 工具介绍

玻璃瓶

浸染时不用拘泥于使用的容器的形状，只要具有足够的深度、容量即可。最好具有耐热的性质，便于高温染色。

勺子

取粉末染料时使用的工具，浸染使用大勺、点染使用小勺。总之，在制作过程中使用便于把握量的勺子即可，量勺也是很好的选择。

量筒

有刻度的装水容器，便于把握稀释染料时加入的水量。

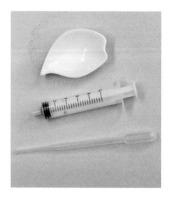

调色碟

小小的白瓷碟子，用于调色、点染时装染液等。

注射器与滴管

稀释染液时使用的加水工具，功能同量筒。

染色刷

蘸取染液染布的工具，根据实际需求选用不同的形状和尺寸即可。

1.2　基础材料

除了相关的制作工具，细工花饰制作还需准备一些基础材料，包括布料、底座材料、捆绑材料及染色材料等。
有了这些材料，再配合后文讲解的相关制作技法，我们就可以做出精美的细工作品。

布料

细工花饰制作最主要也是最重要
的材料就是布料，传统细工制作
主要使用轻薄的平纹真丝织物，
现代细工制作则有更多选择。

本书的案例主要使用真丝类布
料，因其轻薄柔软、光泽动人，
且便于染色和造型，是十分适合
细工制作的材料。

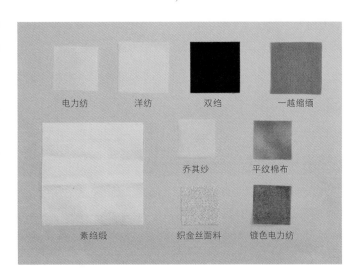

电力纺　　洋纺　　双绉　　一越缩缅

乔其纱　　平纹棉布

素绉缎　　织金丝面料　镀色电力纺

◆ 布料种类介绍

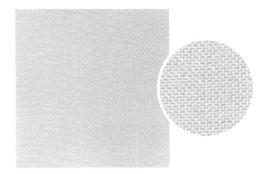

电力纺

基础的真丝平纹织物，也是基础的细工面料，纹路细腻、
光泽柔和、坚固耐用，厚度和颜色都有非常丰富的选择。

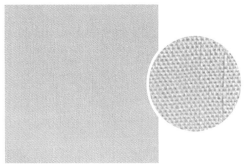

洋纺

4~5 姆米的真丝平纹织物，非常轻薄，可以做出轻盈蓬
松、有清透感的作品。

双绉

具有绉类织物独特的纹路，有一定厚度，可以做出饱满、有厚重感的作品。

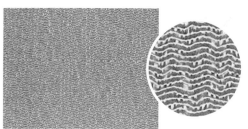

一越缩缅

一种特殊的绉类织物，独具一格的细腻纹理可以使作品风格突出。

素绉缎

光泽较强，充满了特有的华贵感，可以做出华丽、极富存在感的作品。

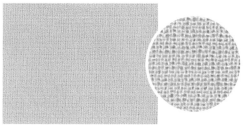

乔其纱

经纬都加捻的绉类织物，蓬松，富有空气感，可以使作品具有柔雾般的质感。

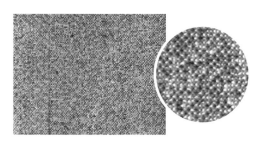

特殊面料：镀色电力纺

特殊面料：织金丝面料

现代纺织开发出了丰富多彩的特殊面料，善用这些各具特色的面料，可以使作品充满新鲜感，富有趣味。

平纹棉布

作为基础的棉织物，平纹棉布的朴素感可以使作品显得分外沉稳、质朴。

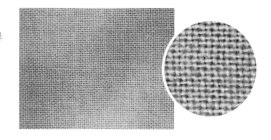

底座材料

细工入门首先要学会制作底座。合适的底座可以使作品造型自然、组合稳固、形状立体,学会根据作品选择合适的底座,也是细工入门的必修课。

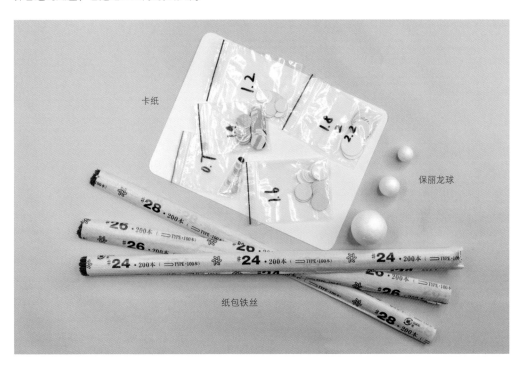

◆ 材料介绍

卡纸

有一定厚度的硬卡纸可根据实际需求剪成各种形状,各种尺寸的圆形卡纸较常用,大家可以多预备一些,使用时比较方便。

纸包铁丝

各种尺寸的纸包铁丝(包装纸上有具体的尺寸数值)也很常用,可根据需求选择合适的尺寸和颜色。

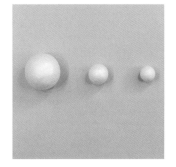

保丽龙球

制作球形底座和有一定弧度的底座时,保丽龙球是必不可少的材料。

捆绑材料

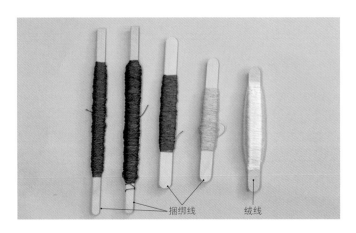

捆绑线   绒线

捆绑线

作品组合后起捆绑固定、遮盖美化作用的线材，应选择和作品色彩搭配的。本书案例使用的是奥林巴斯金票 40 号白线，自行染色。

绒线（后文也称为缠绕线）

组合作品各部件时简单缠绕固定用的线材，以细而有一定韧性的为佳。本书案例使用的是真丝绒线。

染色材料

染色材料主要有浓缩液体染料和粉末染料两种。

粉末染料

轻便易于储存，色彩浓度选择更自由，但容易有染料溶解不均的问题。

液体染料

相对便利、安全，不会误吸入，但不适合大面积浸染。大家可根据个人需求选择合适的染色材料。本书案例主要使用 Rit 粉末染料。

1.3 主要配件

手工制作中会用到各种各样的配件，根据相应作品选择合适的配件能给作品增光添彩。配件的种类非常丰富，新的类型和样式也被不断地开发出来，本节仅介绍主要配件和书中将会使用的配件样式。

主体配件

主体配件即决定作品主要使用方式的配件。簪、钗、环、佩各不相同，同样的作品通过更换主体配件，就能获得不一样的效果。

发饰配件

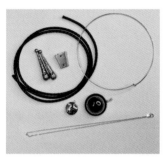
颈饰配件

耳饰及其他配件

◆ 发饰配件类型介绍

发梳

最常见的主体类配件之一，形状多样，尺寸丰富，适用于各种设计和尺寸的细工作品。

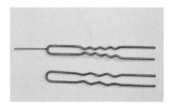
U 形钗

具有传统风格的发饰配件，可优雅可活泼。顶部焊针的类型用来组合配件非常方便。

网筛一字夹

四爪底托网筛底座配合一字夹，组合便利，用它制出的成品简洁、漂亮。

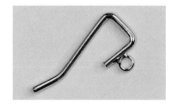
发钩

形状特别的发饰配件，可挂在发髻上，也可勾在皮筋上，装配简便，可避免伤到作品本身。

帽针

拥有细长的针身，既可以用作帽子的装饰，也可以用它穿过帽子和发髻，避免帽子滑落。

小抓夹

小巧的抓夹，运用方式广泛，制作出的成品活泼可爱。

正面

反面

网筛两用夹

既可以用来做发夹，也可以用来做胸针，实用性很强。

◆ 颈饰配件类型介绍

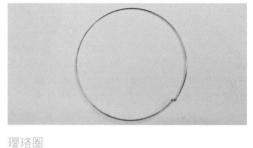

波洛领带

历史悠久的装饰领带，是既高雅又时尚的配件。

璎珞圈

形状有趣的颈饰配件，除了做颈饰，在制作壁挂、发饰时也可灵活使用。

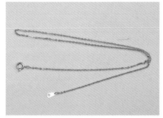

网筛底托吊坠与玻璃罩吊坠

用它们配合项链配件，可以做出风格多样、美观、牢固的作品。

◆ 耳饰及其他配件类型介绍

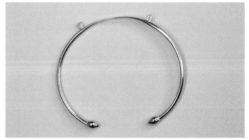

耳环、耳夹

耳环与耳夹配件种类丰富，能满足各种需求，有网筛底托的类型使用起来更加便利。

手镯

金属质地的手镯非常适用于细工花饰制作，组合捆扎也比较方便。

戒指

较小的配件，有底托的类型更适合细工花饰制作。

一字胸针

纤细的形状非常优雅，同时便于细工作品的捆扎。

辅助配件

组合主体配件和各部件时，辅助配件是不可或缺的，优质的辅助配件不仅具有实用价值，还能使作品更加美观。

◆ 辅助配件介绍

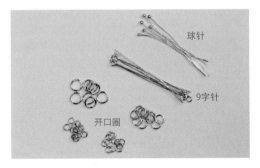

球针、9字针、开口圈

各类手工制作都会用到的得力助手，在连接、装饰等方面均有使用。

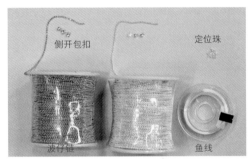

波仔链、侧开包扣、鱼线、定位珠

制作垂悬装饰的配件，能赋予作品美妙的动感。

装饰配件

装饰配件的应用范围非常广泛，适当地使用装饰配件可起到画龙点睛的作用，但是切莫贪多，以免过分堆叠而喧宾夺主。

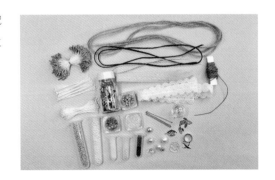

◆ 装饰配件介绍

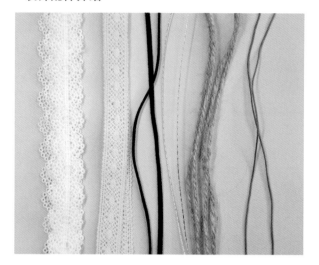

装饰绳

蕾丝、皮绳、麻绳、玉线……不管是作为主体，还是稍作点缀，装饰绳在细工制作中都能有一席之地。

金箔、石膏花蕊、各种尺寸的装饰珠

除了基础的石膏花蕊、金属花蕊，种类繁多的装饰珠也是制作花饰的好材料，还可以在纸包铁丝上点缀一些金箔作为花蕊。

金属连接棒

装饰玻璃球

装饰吊片

装饰珠

装饰珠框

铃铛

其他装饰配件

配合作品主题搭配一些装饰配件，如金属连接棒、装饰玻璃球、装饰吊片、装饰珠框、装饰珠、铃铛等，既可增加作品本身的元素，也可使作品具有更丰富的细节，更耐赏玩。

第2章

细工花饰制作步骤和基础技法

"千里之行，始于足下"，细工花饰制作技法虽变化万千，

但都是从基础的捏片制法发展而来的，掌握了制作步骤和基础技法，

就可以打开丰富多彩的细工世界的大门。

2.1　了解细工花饰制作步骤

细工作品的制作步骤大致如下。

设计构思 ▶ 材料准备 ▶ 底座准备 ▶ 捏片制作 ▶ 捏片组合 ▶ 组合固定 ▶ 检查完成

设计构思	材料准备	底座准备	捏片制作	捏片组合	组合固定	检查完成
根据设计确定表现方式,提炼出具体的结构。	准备好必要的材料,包括切片、底座材料、主体配件及其他配件。再根据情况决定是否浆染。	准备好合适的底座。	根据设计捏制需要的捏片。	按照设计组合准备好的捏片,根据实际组合情况微调表现方式。	将制作好的各部件组合起来进行固定,形成作品。	调整部件的相对位置、角度,增删装饰配件等。

2.2　准备工作

在开始制作之前,我们需要预处理细工花饰制作中最重要的材料——布料。准备工作主要包括浆、染、切 3 步,但这 3 步的步骤顺序不是固定的,可根据制作需求自行调整。

浆

浆,指给布料上浆。因为细工花饰制作的主要技法为折叠造型,一般来说,平整、挺括的上浆布料更加便于进行细工花饰制作。但是在一些情况下,如需要面料柔软,或布料本身不适合上浆等情况,这一步也可以略过。下面为大家展示浆布的过程。

◆ 调制浆液

1 取适量浆糊放入干净的喷瓶中。使用广口的喷瓶更加便于操作。

2 加入适量清水。浆糊和水的比例决定了浆出布料的软硬,大家可根据制作需求确定比例。

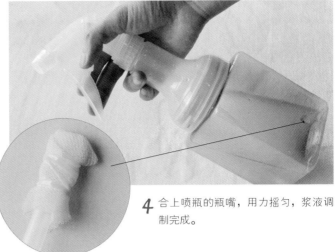

3 搅拌均匀，使浆糊完全溶解在水中，尽量不要有较大的结块。

4 合上喷瓶的瓶嘴，用力摇匀，浆液调制完成。

· 小技巧 ·

在喷瓶吸管的底端包两层纱布，不仅可以使喷出来的浆液更加细腻，同时还能避免浆液中的物质堵塞瓶嘴。

◆挂浆

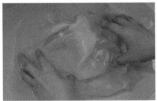

1 将要上浆的布料浸湿，简单挤干至不滴水。由于一些纤维吸水后强度会变低，为避免损伤布料，千万不可绞拧布料。此步骤是在浴盆里进行操作的，大家也可以使用其他容器，方便操作即可。

2 将打湿的布料展开，贴在竖直的平面上（此处使用的是家中的玻璃窗）。布料长时间受阳光照射会劣化和褪色，如果使用向阳的玻璃窗，建议在阴天或晚上浆布。同样，在室内镜面、浴室玻璃墙等竖直平面也可进行操作。

3 给布料均匀喷上准备好的浆液，浆液使用前注意摇匀。

4 用手将布料整理整齐,注意保持布料经纬垂直。如果感觉布料滞涩、难以移动,再喷些浆液即可。

5 用刷子沿布料经纬方向刷,以便排出气泡并刷去多余的浆液,使布料贴合玻璃平面。注意,小气泡也会使浆出的布料不平整,因此这一步务必仔细确保布料与玻璃完全贴合。

6 等待布料自然晾干。注意避免阳光长时间照射。

◆ 完成效果图

7 待浆布工序完成后,晾干并取下布料。注意,晾干后的布料硬挺有筋骨,质感变得像薄纸一般,拿取、保存的时候要小心,避免留下明显折痕。

染

染,是细工花饰制作中非常有趣的一道工序。通过染色,我们可以更好地搭配作品的色彩,制作出独一无二、极富个人审美情趣的作品。下面为大家详细展示浸染、混染、点染这3种染色过程。

◆ 浸染 ——浸入式染色,适用于一次性染制大量同色布料,此步骤应在浆布之前进行。

1 取适量染料放入耐热容器,如果染色容器本身耐热,也可直接将染料放入。

2 加入少量热水,高温能促进染料溶解。

3 搅拌至染料充分溶解。

4 将染液移入染色容器，如果步骤 1~3 直接在染色容器中进行，则本步骤省略。

5 按需求继续加水，将染液稀释成需要的浓度。

6 将染液搅拌均匀。

7 参考挂浆步骤 1，将布料打湿再挤干，并慢慢浸入染液中。

8 仔细翻搅布料，使其均匀着色。

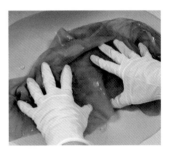

9 充分着色后取出布料，多次漂洗，洗去浮色。

10 将布料晾晒在没有太阳光的地方阴干。

• 染 色 注 意 •

浸染布料时，搅拌程度会影响布料的着色效果，着色不均匀的布料会形成奇妙的斑块，也是独一无二的意外之喜哦。翻搅越彻底，布料染色越均匀；若只简单浸入不进行搅动，则会形成比较大而明显的斑块。

右图展示了不同的搅拌程度下得到的不同布料染色效果。

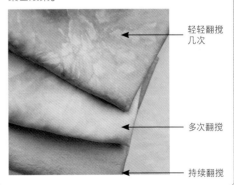

轻轻翻搅几次

多次翻搅

持续翻搅

◆ **混染**　——铺色式染色，适用于染制随机组合多种颜色的布料，此步骤应在浆布之前进行。

1 参考挂浆步骤1，将布料打湿再挤干。

2 将防水塑料纸平铺在白色平面上，最好不要有任何底色，便于观察染制的颜色。

3 将打湿的布料平铺在塑料纸上，大致挤出气泡。

4 根据需要的配色准备好多色染液。如果染液用量不多，用注射器加水稀释能精准把握加水量。

5 用染色笔蘸取调好的染液，按需染色。

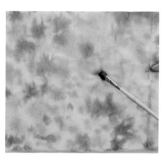

6 此处为随机双色混染，根据需求还可以染制更加复杂的混色。

7 充分混色后，揭起布料，多次漂洗，洗去浮色后阴干。

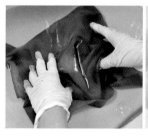

• 混 色 注 意 •

示例中用来混染的两种色彩变化比较小，因此制作出的成品色彩变化不是特别明显。如果想要表现更加明显的色彩冲突，可以尝试使用色彩对比较大的配色或更为细密的色彩排布等手段。

◆ **点染**——直接染制切片的染色方法，色彩分布更精准，便于掌控，此步骤应在切布之后进行。

1 取少量染料加入染色碟。点染需要的染液非常少，因此推荐准备一支取染料专用的挖耳勺。

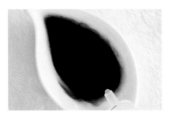

2 向染色碟中加入适量热水，推荐使用便于控制水量的注射器加水。

3 搅拌均匀，使染料充分溶解。

4 将切片打湿，放在准备好的纸巾上。

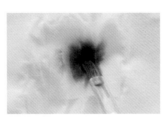

5 用染色笔蘸取染液，按需对切片进行染色。

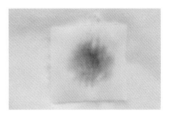

6 将染好的切片转移到干净的纸面上，自然晾干。

• 点 染 方 式 及 其 制 作 效 果 展 示 •

点染是非常自由的染色方式，点染的位置、区域、色彩的渐变层次等决定了制作出的捏片的风格。下面介绍一些常见的点染方式。

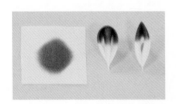

中心点染：点染的颜色会体现在捏片的尾部，是简单而常用的一种点染方式。

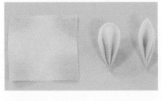

四角点染：点染的颜色会体现在捏片的尖部，呈现出自然的放射效果。

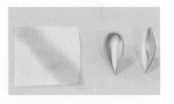

对角线点染：这是一种适用于圆型捏片的点染方式，能够突出捏片的边缘。

交叉点染：在剑型捏片上表现为描边，在圆型捏片上则表现得十分立体。

一角点染：适用于圆型捏片的点染方式，能够突出捏片中心。

• 点 染 注 意 •

点染的方式多种多样，不仅限于此处举例的样式。另外还可以使用多种颜色搭配，做出更丰富的色彩表现，建议大家多去探索，寻找喜欢的效果。

切

切布是细工花饰制作必不可少的步骤，无论布料浆不浆、染不染，切都是必须经历的一步。切出规整的切片，对接下来的细工花饰制作大有帮助。

◆ 切布

1 先将布料平铺在垫板上，尽量保证布料经纬与垫板刻度方向对齐。然后将尺子对准垫板刻度，用轮刀沿尺子切割布料。

2 移动尺子依次切割，将布料切成长条状，注意保持布料排布不乱。

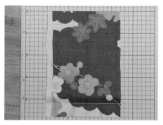

3 将垫板旋转90度，使切好的布料长条呈横向排布，注意保持布料排布不乱。

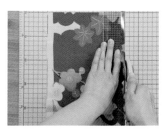

4 用尺子对准垫板刻度，继续切割。

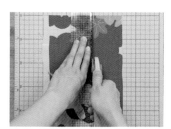

5 移动尺子依次切割，将长条布料切割为正方形。

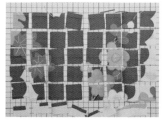

6 切割完成，获得了许多正方形的切片。

• 切布注意 •

1. 细工花饰制作只需要正方形的切片，所以需要沿直线切割。

2. 切割过程中需要保持尺子不歪斜、布料排布不乱，这样就能够事半功倍地切出整齐的切片。

3. 常用的切片尺寸一般在1cm~10cm之间，切割好的切片可以用自封袋保存，这样不易散乱、不会弯折，便于归纳和取用。

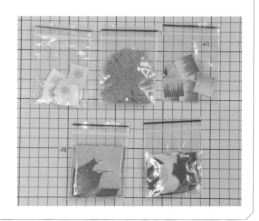

2.3　底座制作

底座是构成细工花饰作品的重要部件之一。选择合适的底座不仅能使作品结构稳固，还能更好地表现作品的形态，特殊的底座还可以赋予作品与众不同的风格。本节将介绍一些基本的底座类型，大家可在此基础上加以变化，制作出适合具体作品的底座。

平底座

平底座是一种常用且基础的底座类型，其他底座的制作方式也大多由其衍生而来。制作平底座需要确保两面平整、边缘整齐且支撑的铁丝稳固不晃动。学会制作平底座，是细工花饰制作的基础。制作平底座需要的材料有卡纸、纸包铁丝和底座包布（一般与主体同色）。

◆ 制作过程

1　取准备好的卡纸，一面均匀抹上适量白乳胶后粘在底座包布中央。

2　用锥子在卡纸中央打孔并穿透卡纸和底座包布，然后将准备好的纸包铁丝穿过打的孔。

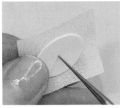

3　用圆口钳将固定在底座卡纸正面的纸包铁丝一端弯折成钩环。

4　横向压倒步骤 3 弯折的钩环，收回铁丝使钩环紧贴卡纸，接着均匀抹上白乳胶。

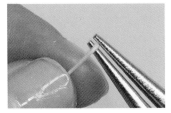

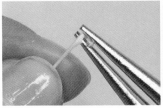
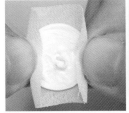

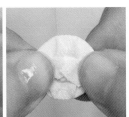

5　分 4 步依次包合底座包布，每次包合都要尽力往中央推，使包合完成后的底座边缘线条流畅、两面平整，最后调整细节完成平底座的制作。

◆ 其他造型

圆形平底座是细工花饰制作中较常用的一种底座，但在实际制作中常常会遇到一些特殊的情况，此时可以根据实际需要改变卡纸的形状，制作出各种不同形状的平底座。如果部件极小，也可省去卡纸，直接将纸包铁丝弯成需要的形状，再包上底座包布。

左图从上往下依次为基础平底座、椭圆平底座、半圆平底座及无卡纸极小平底座。

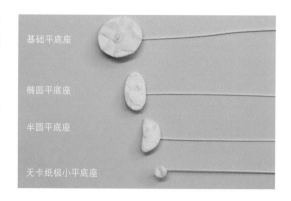

基础平底座

椭圆平底座

半圆平底座

无卡纸极小平底座

在实际制作过程中，有时会遇到需要特殊形状平底座的情况，此时大体上还是参考平底座的制作方法。注意，为了避免卡纸抹胶水后皱缩变形，应当适应底座的形状粘上弯折的纸包铁丝予以支撑。

梯形底座

细工花饰制作的捏片是非常立体的，免不了会遇到需要将底座中央垫高，使组合而成的花朵更为舒展的情况，这时就需要使用梯形底座。

制作梯形底座的材料有卡纸、垫片、纸包铁丝和底座包布（一般与主体同色）。

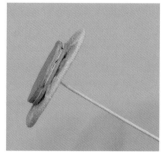

◆ 制作过程

1　参考平底座的做法做好一个平底座，然后准备一片较厚的垫片并均匀抹上白乳胶，并将垫片与平底座相对，找到需要垫高的位置。

2 小心地将垫片粘贴在需要的位置上，用力压紧，将其牢牢地粘在底座上，完成梯形底座的制作。注意，
大家可根据不同的需求去调整垫片的大小与粘贴位置。

半球形底座

多层结构的细工花饰作品大多需要一个舒展平缓的变化弧度，当仅增
加垫片制作出梯形底座不能满足需求时，就需要造型更饱满、变化平
缓的半球形底座。

制作半球形底座需要的材料有卡纸、保丽龙球、纸包铁丝和底座包布（一
般与主体同色）。

◆ **制作过程**

1 取一个尺寸合适的保丽龙球，找到其腰线（两个半球的拼合线），用美工刀沿腰线将保丽龙球切成两半。

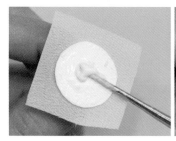 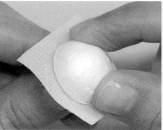 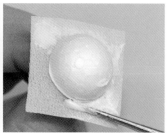

2 参考平底座的做法，准备好底座雏形（卡纸的直径应与保丽龙球相同）。将切好的半球对齐黏合在卡纸
上，再在半球周边底座包布上均匀抹上白乳胶。

3 参考平底座的包合方法，依次包合底座包布。

4 用剪刀修剪多余的布料，使底座表面平整、服帖，完成半球形底座的制作。

球形底座

球形底座是细工花饰制作中会用到的主要底座中的
一种，运用好球形底座，能够使作品形状饱满、线
条丰富、外形独特、圆润可爱。包裹得平整、美观
的球形底座甚至可以直接作为装饰使用。

制作球形底座需要的材料有保丽龙球、纸包铁丝和
底座包布（一般使用白色，也可与主体同色，作为
装饰时也可以选择好看的花色包布去制作）。

◆ **制作过程**

1 取准备好的底座包布，均匀
抹上白乳胶。

2 将保丽龙球放在底座包布中央。

3 捏起底座包布四角，相邻布
料彼此均匀黏合，包住保丽
龙球。

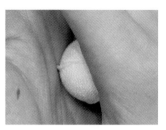

4 用镊子紧贴保丽龙球表面，夹紧布料的黏合线，使底座包布紧紧包住并贴合保丽龙球。

5 在距保丽龙球表面约1mm处，沿黏合线剪去多余布料。

6 两掌合并微微用力搓揉保丽龙球，使底座包布和球面黏合平整。

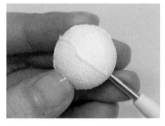

7 确保黏合稳固、平整之后，用剪刀紧贴保丽龙球表面修剪掉多余的布料。如果是用作底座，只需简单修剪即可；若作为装饰使用，就需要尽量修剪平整。

8 用锥子穿过保丽龙球中心打孔。

9 将纸包铁丝穿过打好的孔。

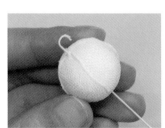

10 用圆口钳将纸包铁丝一端弯成钩状，收回铁丝，使钩子嵌入球体内部。

11 在钩子嵌入处抹适量白乳胶，贴上一小块布将铁丝固定，球形底座制作完成。

2.4　制作基本捏片造型

捏片是构成细工作品的最小单元,单层捏片由一片切片捏制而成。最基础的捏片是圆型捏片和剑型捏片,在这两者基础上进行变化,可得到丰富多彩、功能不一的捏片。其中,由圆型捏片变化而来的叠褶型捏片较为独特,在本节中将单独列作一类进行讲解。

圆型捏片

作为基础捏片类型之一,圆型捏片常用来表现圆润、可爱的花瓣或者卵形叶片。它拥有极其丰富的变形,仅用圆型捏片也可以做出完成度很高的细工花饰作品。

◆ 制作过程

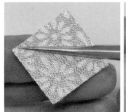 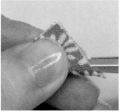

1 取一片切片,用镊子夹住对角线略偏上的位置,拇指由下往上沿对角线将切片对折。

2 将镊子抽出并夹住等腰三角形中线,翻转镊子将切片对折,顺势用左手拇指压住切片。

3 压住切片,抽出镊子,再次夹住中线。

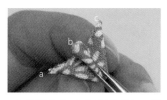

4 用拇指和食指分开两角,将角a和角c向角b折拢。

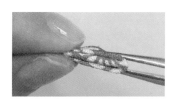

5 对齐a、b、c 3个尖角,整理整齐后捏稳,随后抽出镊子夹住捏片背部。

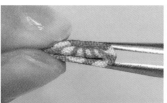

6 夹稳捏片,用对齐的尖角蘸取适量白乳胶,用手小心抹去余胶后将其捏紧黏合,调整形状,一个基础的圆型捏片就做好了。

◆ 捏片变形

圆型捏片有着极为多样的变化形态，可以满足各种需求，在本书中的变形应用主要有以下类型。

| 基础圆型 | 双重圆型 | 捏尖圆型 | 樱型 |
| 剪口圆型 | 反圆型 | 喇叭型 | 裂口圆型 |

剑型捏片

剑型捏片是另一种基础的捏片类型，常用来表现尖锐、有力量的花瓣，同样拥有诸多变形。剑型捏片十分适合用来表现草叶或者绵密的花序，是能够展现几何美的捏片类型。

◆ 制作过程

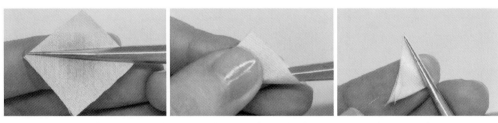

1　取一片切片，用镊子夹住对角线略偏上的位置，同样用手指从下往上沿对角线对折。将镊子抽出并夹住等腰三角形中线，翻转镊子，将切片对折。

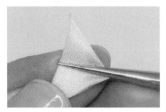

2　用左手拇指压住切片，抽出镊子再次夹住中线。

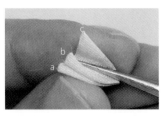

3　将镊子下压，将角a、b、c 3个角对齐折叠。

4　对齐a、b、c 3个尖角，整理整齐。

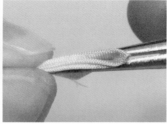

5 用镊子夹稳捏片，用捏片尖角蘸取适量白乳胶，用手小心抹去余胶后将其捏紧黏合。至此，基础的剑型
捏片就完成了。

◆ 捏片变形

剑型捏片的变化形态不如圆型捏片丰富，但拥有独特的变化方向和表现力。剑型捏片在本书中的变形应用
主要有以下类型。

基础剑型　　　　　　　　反剑型　　　　　　　　双重剑型

平口剑型

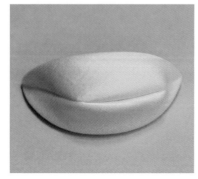

弧切剑型多角度展示图

叠褶型捏片

叠褶型捏片由圆型捏片衍生而来，在黏合剂为浆糊的时代，其形状难以调整和保持，故直到速干黏合剂被广泛应用的近现代叠褶型捏片才大放异彩。叠褶型捏片以其丰富的连褶为特征，褶数的变化、捏片的边缘和褶子的造型都能很大程度改变叠褶型捏片的观感，可塑性非常强。

◆ **制作过程**

1 取一片切片，用镊子夹住对角线略偏上的位置，从下往上沿对角线对折。抽出镊子并夹住等腰三角形的中线，翻转镊子对折，同时顺势用左手拇指压住切片。

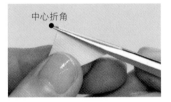  

2 保持折叠状态将切片翻转，中心折角朝上，将可以分开的一端朝向镊子。

3 用镊子贴着对折线并夹紧。

4 将切片两角打开，贴紧镊子压出折痕，用手指从左右两侧分别由下往上折。

5 小心地捏住折叠状态的切片，慢慢抽出镊子。

6 从外侧重新用镊子夹住切片（注意保持褶皱不散），翻转镊子使折边向上。

7 重复步骤4~6的做法反复折叠切片，就像折叠纸扇子那样。

8 继续折叠切片，直至形成重叠的褶皱。

9 左手捏稳捏片根部，随后用镊子整理捏片边缘，使其变得圆润，呈扇贝状。

10 用镊子在捏片根部位置斜向夹稳，用剪钳剪去多余布料，这一步骤称为"切边"。

11 在捏片底部抹上适量白乳胶，用手小心抹去余胶并捏紧压平，完成基础叠褶型捏片的制作。

◆ 捏片变形

基础叠褶型　　　　　　　剑叠褶型（菱形）

叠褶型捏片本身是由圆型捏片变化而来的，但其变化逻辑同样可以运用于剑型捏片，因此同样存在剑叠褶型捏片。叠褶型捏片的变化方式主要集中在褶子和边缘的加工上，大家可以多多尝试。叠褶型捏片在本书中的变形应用主要有这些类型。

捏尖叠褶型　　　　　　　特殊叠褶型

CHAPTER THREE

第3章

制作基本捏片造型的饰品

"不积跬步，无以至千里"，

下面就先从运用基础的细工技法制作花饰作品开始吧！

3.1 小巧贴花——圆型捏片饰品制作

本节内容以圆型捏片为基础造型，制作出不同形式的细工花饰作品。

小圆梅冰箱贴

◆材料

切　　片	绿色双绉 2.5cm×2.5cm×5 片
底　　座	直径约 1.3cm 的圆形薄磁铁 1 片、白色底座包布 1 片
辅助材料	直径约 4mm 的珍珠花蕊 1 颗

◆ 制作过程演示——底座准备

1 给底座包布均匀抹上白乳胶，将磁铁放在中央。参考平底座的做法，包合磁铁。包合好后仔细将两面压平整，如有多余布料，可以剪去，完成底座制作。

◆ 制作过程演示——捏片制作

2 取一片 2.5cm×2.5cm 绿色双绉切片，用镊子夹住对角线略上的位置。

3 从下往上沿对角线将切片对折。

4 将镊子抽出，夹住等腰三角形的中线，对折切片。

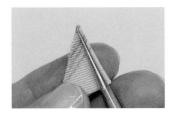
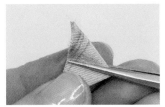
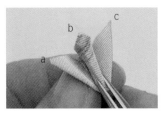

5 翻转镊子对折，左手拇指顺势压住切片。

6 抽出镊子，再次夹住中线。

7 用拇指和食指分开切片的下半部分，左右分别从下往上对折，得到 3 个尖角 a、b、c。

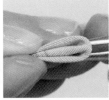

8 对齐 a、b、c 3 个尖角，整理整齐后用手捏稳并抽出镊子。

9 用镊子夹稳捏片底部，用尖角蘸取适量白乳胶，用手小心抹去余胶后将其捏紧黏合。

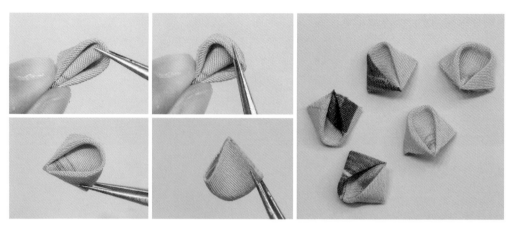

10 用镊子夹住捏片圆端的边缘，向上翻起，使捏片圆润舒展，圆型捏片制作完成。用相同的方法一共制作 5 个圆型捏片。

◆ **制作过程演示——组合固定**

11 在制作好的底座上均匀抹上白乳胶，将一片制作好的圆型捏片尖角对齐底座中心进行粘贴。接着用镊子打开圆型捏片，保证捏片的两条底边都粘稳在底座上。

12 以同样方式临近铺排第二片捏片，在底座上依次铺排好 5 片圆型捏片。确保捏片全部粘稳，将各个捏片整理整齐，使花朵圆润。

13 在花朵中心粘上珍珠作为花蕊。至此，小圆梅冰箱贴制作完成。

酷黑波洛领带

◆ 材料

切　　片	镀银黑色 5 姆米洋纺 2.5cm× 2.5cm×12 片
底　　座	直径约 1.8cm 的圆形卡纸 1 片、镀银黑色 5 姆米洋纺底座包布 1 片、24 号纸包铁丝 1 根
辅助材料	连珠花蕊 1 个
主体配件	波洛领带配件 1 套

◆ **制作过程演示——底座准备**

1 参考平底座的做法，用和花朵同样的镀银黑色5姆米洋纺布料做一个直径约1.8cm的平底座。用平口钳贴紧底座背面将铁丝弯折。

2 取波洛领带的金属扣部件，打开后扣。将做好的底座背面朝上，让铁丝穿过金属扣上方的固定孔。翻折底座卡纸，找准金属扣的中央位置对齐贴上。

3 找好位置后用平口钳压平铁丝，使底座尽可能贴紧金属扣。将剩余铁丝穿过金属扣下方的固定孔并完全抽出。

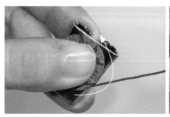

4 用手捏紧金属扣和底座卡纸，避免位置偏移，将从下方固定孔抽出的铁丝沿逆时针方向绕在底座下方（缠绕两圈左右即可），随后用剪钳剪去多余的铁丝。

5 用平口钳整理形状，使底座稳固并贴合金属扣。至此，底座与金属扣的固定制作完成。

◆ 制作过程演示——捏片制作

6 取一片 2.5cm×2.5cm 镀银黑色 5 姆米洋纺切片，用镊子夹住对角线略上的位置，从下往上沿对角线对折。

7 参考小圆梅冰箱贴案例中步骤 4~8 的做法，制作圆型捏片。

 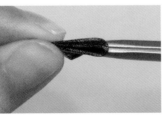 

8 用捏片尖部蘸取适量白乳胶，抹去余胶并捏紧捏片，使其黏合。

9 将镊子夹住捏片中线位置，和捏片尖部对齐，用剪刀剪去底部多余布料，完成捏片制作。用同样的方法制作 12 片圆型捏片。

◆ 制作过程演示——捏片组合

10 用做好的捏片底部蘸取适量白乳胶，将捏片尖部对准底座中央，排布好第一片捏片，松开镊子后让捏片自然打开。在第一片捏片的正对面排布第二片捏片，接着与第一、第二片捏片垂直对称排布上第三、第四片捏片，这样就确定好了花朵的基本形状。

11 在前4片捏片的基础上依次对称铺排剩余捏片。在捏片比较多的时候，使用对称铺排的方式，可以很好地保证铺排出的花朵造型均匀、饱满。

12 待捏片全部铺排在底座上后用手整理花朵，使捏片黏合稳固，使花朵更加圆润。

◆ 制作过程演示——组合固定

13 将波洛领带绳穿过金属扣，调整花朵至合适位置，用万能胶在绳子尾部粘上装饰吊坠。

14 再次调整花朵在波洛领带绳上的位置，确认金属扣开合顺畅后将其扣住，将绳子与花朵固定组合在一起。

15 用镊子夹住连珠花蕊蘸取白乳胶，粘在花朵中间做花蕊。至此，酷黑波洛领带制作完成。

3.2 精致首饰——剑型捏片饰品制作

本节内容以剑型捏片为基础造型,制作出不同形式的细工花饰作品。

太阳花一字夹

◆**材料**

切　片	黄色 12 姆米电力纺 2.5cm×2.5cm×12 片
底　座	白色底座包布 1 片
辅助材料	花蕊 1 个
主体配件	直径约 1.3cm 的网筛一字夹配件 1 套

◆ 制作过程演示——底座准备

1 准备好网筛一字夹配件，给底座包布均匀抹上白乳胶，将网筛配件的弧面贴合在底座包布上。

2 参考平底座的做法，包合网筛，并将网筛上的多余布料全部归入网筛内部，压实粘牢，使内外两面平整。

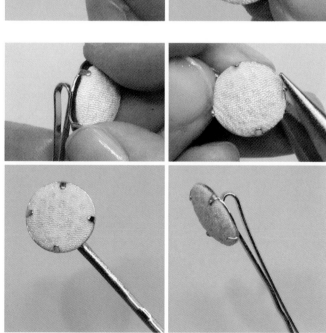

3 将包好的网筛部件嵌入一字夹底座，用平口钳压合底座 4 脚进行固定。至此，底座制作完成。

◆ 制作过程演示——捏片制作

  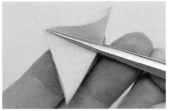

4 取一片 2.5cm×2.5cm 黄色 12 姆米电力纺切片，用镊子夹住对角线略上的位置，从下往上沿对角线对折。
将镊子抽出，夹住等腰三角形切片的中线。

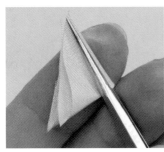 

5 翻转镊子对折切片，用左手拇指顺势压住切片。抽出镊子，再次夹住切片中线。

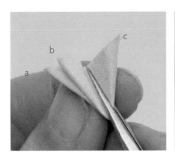 

6 用拇指和食指一左一右分别从下往上折起，并对齐 a、b、c 3 个尖角，将捏片整理整齐。

  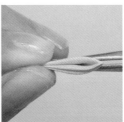 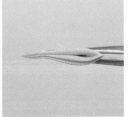

7 用镊子夹稳捏片底部，用尖角蘸取适量白乳胶，用手小心抹去余胶后将其捏紧黏合。

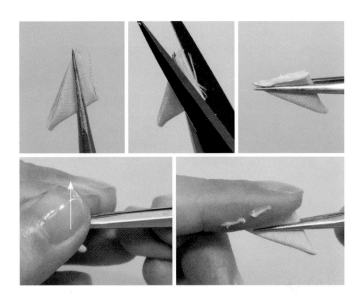

8 若捏片底部有脱丝，可先用剪刀剪去脱丝毛边，再给底部抹上白乳胶用手指捏合（由下往上一边抹去余胶一边捏合底部），捏合后再用指腹轻轻压平捏片底部，使其平整。

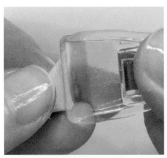 

9 沿捏片底部抹胶部位夹上拼布夹，等待白乳胶干燥。用同样的方法制作 12 片剑型捏片。

◆ 制作过程演示——组合固定

10 用捏片底部蘸取适量白乳胶，将捏片的尖角对准底座中心，采用对称排布法铺排好第一、第二片捏片。

11 继续运用对称排布法排布第三、第四片捏片，使4片捏片呈十字对称以确定花朵的基础形状。在前4片的基础上依次对称排布剩余捏片，待全部排布完毕后整理花朵形状，使其圆润、饱满。

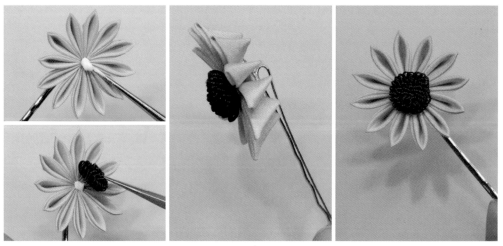

12 在花朵中心抹上适量白乳胶，粘上花蕊部件，完成太阳花一字夹饰品的制作。

小叶子一字胸针

◆材料

切　　片　黄绿色平纹棉布 2.5cm×2.5cm×9 片

底　　座　2cm×1cm 等腰三角形卡纸 1 片、黄绿色平纹棉布底座包布 1 片、24 号纸包铁丝 1 根

辅助材料　绒线若干、褐色捆绑线适量

主体配件　自锁一字胸针配件 1 套

◆ **制作过程演示——底座准备**

1 将等腰三角形卡纸的一面均匀抹上白乳胶，粘在底座包布上。用剪刀修剪底座包布，使其适合卡纸的形状。

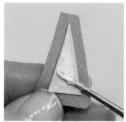 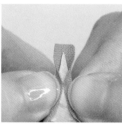  

2 在卡纸另一面均匀抹上白乳胶，用手弯折包布，使其逐步包合卡纸。

  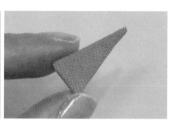

3 用剪刀修剪底座上的多余布料，使底座平整、美观。

◆ **制作过程演示——捏片制作**

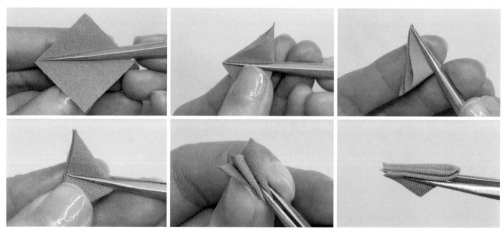

4 取一片 2.5cm×2.5cm 黄绿色平纹棉布切片，参考太阳花一字夹案例中步骤 4~6 的做法，制作基础剑型捏片。

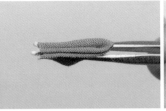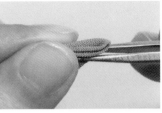

5 用镊子夹稳捏片底部，用尖角蘸取适量白乳胶。用手小心抹去余胶，捏紧尖角使其黏合。

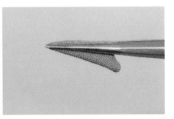

6 对齐捏片尖部，用镊子夹住，用剪刀在捏片背部约 1/2 处切边。

7 在捏片底部抹上白乳胶，用手捏合后再用指腹轻轻压平捏片底部，使其平整。沿捏片底部抹胶部位夹上拼布夹，等待白乳胶干燥。用同样的方法制作 9 片剑型捏片。

◆ 制作过程演示——捏片组合

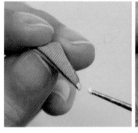

8 取一片捏片，在尖角上抹上少量白乳胶，将捏片尖角对齐一片捏片的夹角，捏紧使其黏合，这样就构成一组。用同样的方法制作 4 组。

9 取一组捏片，两边抹上白乳胶，采用插合式的组合方法与另一组捏片黏合。用同样的方法依次插合 4 组捏片，最后将余下的一片捏片插合在捏片组合部件的顶端，完成叶子部件的制作。

10 取 24 号纸包铁丝，用平口钳将其一端弯折 1cm 左右。在组合好的叶子部件背部中央抹适量白乳胶，将铁丝粘上。

11 拿出前面制作好的底座，抹适量白乳胶，对齐中线贴合在叶子背部并捏紧，粘牢。至此，叶子捏片组合制作完成。

◆ 制作过程演示——组合固定

  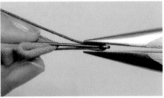

12 用平口钳在距叶子根部约 2cm 处弯折铁丝，让铁丝穿过一字胸针顶端的固定环，再用平口钳夹紧铁丝弯折处。

13 用绒线简单缠绕固定住一字胸针与铁丝的弯折处，用剪刀剪去多余绒线，用剪钳剪去多余铁丝。

14 用褐色捆绑线的一端蘸取适量白乳胶，粘在胸针固定环下方。一边捏稳线头，一边密密绕线直到绕至叶子根部，将线头打结使其固定牢固（重复打结两次）。

15 将线头掀起，在捆绑线根部抹少量白乳胶，用手捏紧使其黏合。用剪刀剪去多余的捆绑线，完成一字胸针配件与叶子部件的捆绑固定。

16 分别捏住胸针和叶子，将叶子从根部掀起翻折，使其贴合胸针主体。整理形状，完成小叶子一字胸针的制作。

3.3 精美吊饰——组合型捏片饰品制作

本节内容用多种捏片造型组合制作各种细工吊饰作品，可用于装饰门窗、过道走廊等位置。

舞蝶风铃

◆ 材料　　切　　片　红色 14 姆米双绉 3cm×3cm×2 片、2cm×2cm×2 片
　　　　　　底　　座　直径约 7mm 的半圆卡纸 1 片、红色 14 姆米双绉底座包布 1 片
　　　　　　主体配件　钟形玻璃风铃 1 个

◆ 制作过程演示——底座准备

1 参考平底座的做法，包合半圆卡纸，做出半圆形底座。

◆ 制作过程演示——捏片制作

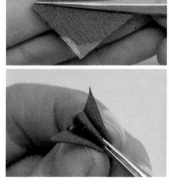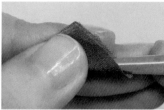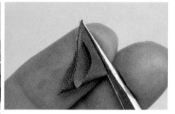

2 取 2cm×2cm 红色 14 姆米双绉切片，参考小圆梅冰箱贴案例中步骤 4~8 的做法，制作圆型捏片。

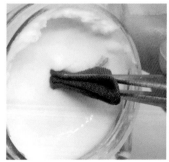

3 用捏片尖部蘸取适量白乳胶，用手抹去余胶后捏紧，使其黏合，用剪刀修剪捏片底部多余的毛边。

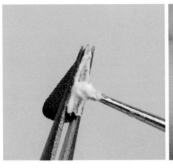
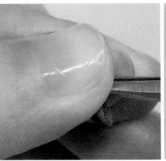

4 给捏片底部抹适量白乳胶，抹去余胶，捏合底部。

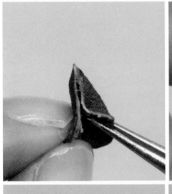

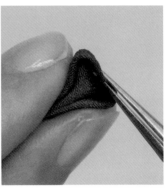

5 趁白乳胶半干打开捏片底部，再分别捏合、压平整理两条底边。用镊子夹住捏片边缘翻起，使其圆润、饱满。

6 用同样的方法，将剩下的两片 3cm×3cm 切片和一片 2cm×2cm 切片分别制成圆型捏片。

◆ 制作过程演示——捏片组合

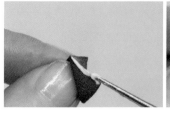

7 取一个小捏片，给一侧底边的外侧均匀抹上少量白乳胶，对齐大捏片的尖端进行黏合。

8 用镊子夹住两个捏片的黏合处，使其黏合稳固，构成一组类似蝴蝶翅膀的捏片组合。用同样的方法制作两组捏片组合，注意两组捏片组合的形状是对称的。

◆ 制作过程演示——组合固定

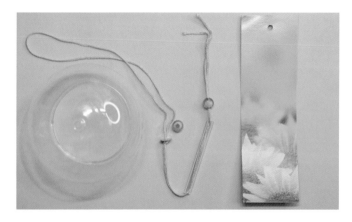

9 将钟形玻璃风铃拆解开，分成玻璃主体、串绳（含撞针）、固定珠、装饰吊卡 4 部分。

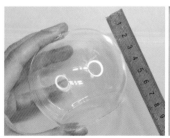

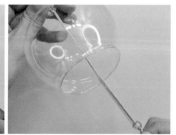

10 用尺子测量玻璃主体深度约为 6cm，调整撞针至距串绳根部 5cm 处，在撞针固定珠下方打结固定，重新连接玻璃主体，确认能否撞击发声。

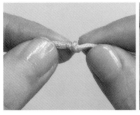
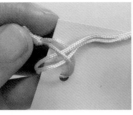

11 确认完毕后，将串绳尾部打结，再拴上装饰吊卡，
串绳调整完毕。

12 在半圆形底座上均匀抹上白乳胶，将底座粘在距串绳根部约 2.5cm 处。用一只手固定串绳和底座、另一只
手补上一些白乳胶，将准备好的两组捏片组合黏合在底座上。整理形状使其对称、美观，做出蝴蝶的造型。

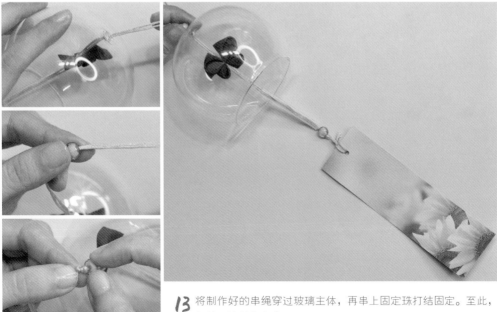

13 将制作好的串绳穿过玻璃主体，再串上固定珠打结固定。至此，
舞蝶风铃制作完成。

简洁吊环壁挂

◆材料

切　　片 镀金色 5 姆米洋纺 5cm×5cm×4 片
底　　座 直径约 1.2cm 的圆形卡纸 1 片、镀金色 5 姆米洋纺底座包布 1 片、长约 15cm 的 24 号纸包铁丝 1 根
辅助材料 金属花蕊 1 个、波仔链约 5cm、侧开包扣 2 个、金属珠框 1 个、10mm 装饰珠 1 颗、开口圈 2 个、球针 1 根
主体配件 璎珞圈 1 个

◆ 制作过程演示——底座准备

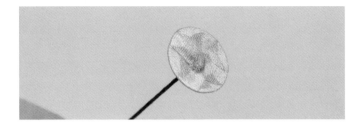

1 制作一个直径约 1.2cm 的平底座。

◆ 制作过程演示——捏片制作

 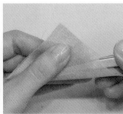  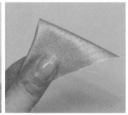

2 取一片 5cm×5cm 镀金色 5 姆米洋纺切片，用镊子夹住对角线略上的位置，从下往上沿对角线将其对折。夹住等腰三角形中线，翻转镊子对折，并用左手拇指捏住。保持折叠状态，抽出镊子并将切片翻转，使其中心折角向上持握。

3 用镊子贴着对折线夹稳，将切片两角打开。贴紧镊子压出折痕后，用拇指、食指一左一右分别由下往上折起。

4 小心地捏住折叠状态的切片，慢慢抽出镊子，从外侧重新用镊子夹住切片，注意保持褶皱不散。

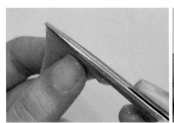  

5 翻转镊子使折边向上，重复步骤 3~4 的做法，反复折叠切片，就像折叠纸扇子那样，形成重叠的褶皱。

6 用镊子夹住褶皱堆叠的捏片根部，将两边尖角往下拉一点，对齐尾部折角。用左手捏稳捏片根部，用右手翻起捏片边缘进行整理，使捏片造型圆润，呈扇贝状。

7 用镊子在捏片根部合适位置斜向夹稳，用剪刀剪去多余布料。在底部切边抹上适量白乳胶，用手抹去余胶并捏紧、压平。

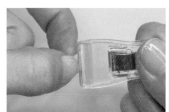

8 小心地给捏片底部抹胶部位夹上拼布夹，让其保持捏片形状，等待白乳胶完全干燥。

9 白乳胶干透后取下捏片，用镊子蘸取少量白乳胶抹在捏片边缘线的中心处。用镊子夹合抹胶处，轻轻拉扯一下使叠褶型捏片变成捏尖叠褶型捏片，整理形状使捏片弧度自然。用同样的方法制作4片。

◆ 制作过程演示——捏片组合

10 给底座均匀涂上一层白乳胶，将捏片尖端对齐底座中央铺排上第一片捏片。紧邻着第一片捏片，交错地铺排第二、第三、第四片捏片，整理形状使花朵自然、舒展。

11 取金属花蕊用镊子夹稳，在其底部抹上万能胶后粘在花朵中心，花朵制作完成。

◆ 制作过程演示——组合固定

  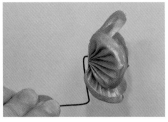

12 用平口钳紧贴底座背部弯折铁丝，在距离弯折处约 2cm 处再次弯折，只要保证弯折的铁丝长度不超出花朵的半径范围即可。

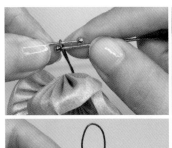  

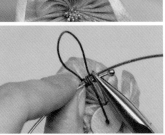

13 把铁丝弯折处缠绕在璎珞圈两端的交叉位置，用多余的铁丝固定璎珞圈。缠绕约两圈后，将剩余铁丝弯成挂环状，并把铁丝尾部缠绕在璎珞圈交叉处收尾。用平口钳夹紧，完成挂环制作。

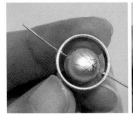 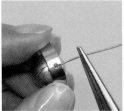  

14 用球针穿过装饰珠和珠框，用圆口钳弯折球针并绕一个环，将剩余部分在圆环下方缠绕两圈进行固定。

15 用剪钳剪去多余的铜丝，用平口钳夹紧切口，挂饰部件制作完成。

16 取两个侧开包扣和约5cm长的波仔链，先在波仔链两端夹上包扣，再用开口圈连接波仔链与挂饰珠。

 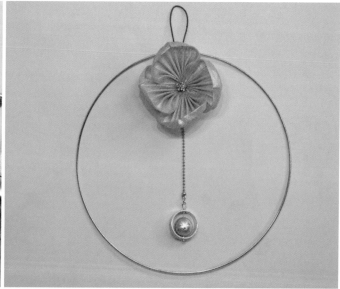

17 将波仔链的另一端用开口圈连接在花朵根部，完成简洁吊环壁挂的制作。

秋色吊饰

◆材料

切　片　圆花：印花双绉2.5cm×2.5cm×6
　　　　片、2cm×2cm×6片
　　　　剑菊：粉色双绉2cm×2cm×16片
　　　　枫叶：红色双绉3cm×3cm×1
　　　　片、2.5cm×2.5cm×2片、
　　　　2cm×2cm×2片

底　座　圆花：直径约1.5cm的圆形卡纸
　　　　1片、印花双绉底座包布1片
　　　　剑菊：直径约1.5cm的圆形卡
　　　　纸1片、直径约0.6cm的圆形
　　　　厚卡纸1片、粉色双绉底座包
　　　　布1片
　　　　枫叶：直径约0.6cm的圆形卡纸
　　　　1片、红色双绉底座包布1片

辅助材料　鱼线约30cm、5cm金属连接棒
　　　　3根、玻璃球吊坠1个、开口
　　　　圈3个、定位珠2颗、装饰珠
　　　　2颗

◆ 制作过程演示——底座准备

1 拿出准备的 3 种底座制作材料，参考平底座、梯形底座的做法，分别包合底座卡纸，制作 3 种底座。从左至右分别为圆花底座、剑菊底座、枫叶底座。

◆ 制作过程演示——捏片制作

 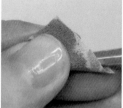  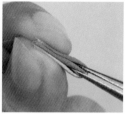

2 取一片 2cm×2cm 的印花双绉切片，参考小圆梅冰箱贴案例中步骤 4~8 的做法，制作圆型捏片。

 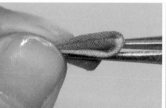 

3 用捏片尖部蘸取适量白乳胶，用手抹去余胶后将其捏紧黏合。

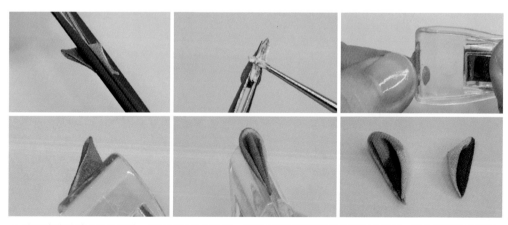

4 在距离底边约 1/3 处切边，然后涂适量白乳胶，抹去余胶压平捏紧后用拼布夹固定，待白乳胶完全干透。采用同样的方法，用剩余的 5 片 2cm×2cm 切片和 6 片 2.5cm×2.5cm 切片制作 11 片捏片，完成圆花捏片的制作。

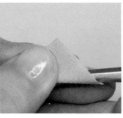

5 取一片 2cm×2cm 粉色双绉切片，参考太阳花一字夹案例中步骤 4~6 的做法，制作基础剑型捏片。

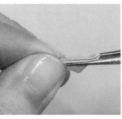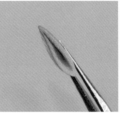

6 用镊子夹稳捏片底部，用尖角蘸取适量白乳胶，用手小心抹去余胶后将其捏紧黏合。采用同样的方法再制作 15 片捏片，剑菊捏片制作完成。

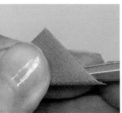

7 取一片 2cm×2cm 红色双绉切片，参考太阳花一字夹案例中步骤 4~6 的做法，制作基础剑型捏片。

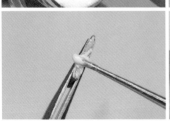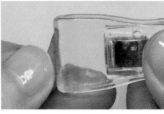

8 用镊子夹稳捏片底部，用尖角蘸取适量白乳胶黏合，在距离底部约 1/2 处切边，然后给捏片底部抹上白乳胶黏合，夹上拼布夹待白乳胶干燥。采用同样的方法，用剩余的 1 片 3cm×3cm 切片、2 片 2.5cm×2.5cm切片和 1 片 2cm×2cm 切片制作捏片，枫叶捏片制作完成。

◆ 制作过程演示——捏片组合

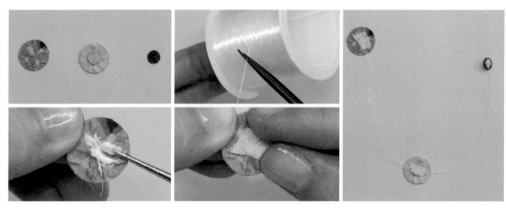

9 拿出做好的3种底座，剪取约30cm长的透明鱼线，一端预留出约8cm，每间隔约8cm依次贴上圆花底座、剑菊底座、枫叶底座。

10 在圆花底座上抹适量白乳胶，采用对称排布法依次铺排6片用2.5cm×2.5cm印花双绉切片制作的捏片。铺排完成后，整理花形使其圆润、饱满，圆花第一层花瓣组合制作完成。

11 取6片用2cm×2cm印花双绉切片制作的捏片，蘸取适量白乳胶，依次对称铺排在圆花第一层花瓣的间隙中。铺排完成后整理形状，完成圆花的铺排制作。

12 在剑菊底座上抹适量白乳胶，用对称排布法依次铺排8片用2cm×2cm粉色双绉切片制作的捏片，铺排完成后整理形状，剑菊第一层花瓣制作完成。用对称排布法把剩余的8个捏片依次间插在第一层花瓣外围，完成剑菊的铺排制作。

13 取用 3cm×3cm 红色双绉切片制作的捏片，蘸取适量白乳胶，尖端对齐底座边缘黏合在枫叶底座正中央。
以此为基准，对齐尖端紧邻铺排两片 2.5cm×2.5cm 的捏片和两片 2cm×2cm 的捏片，完成枫叶的铺排
制作。至此，鱼线上的 3 朵花朵全部制作完成。

◆ 制作过程演示——组合固定

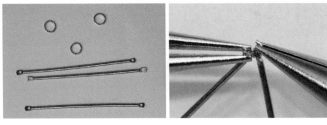

14 拿出开口圈与金属连接棒，用开口圈依次连接 3 根金属连接棒，
构成一个等边三角形。

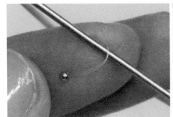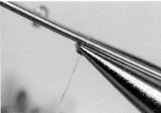

15 将圆花一端的鱼线挂在三角形金属棒的一条边上，在鱼线上穿一颗定位珠并收紧鱼线，用平口钳夹扁
定位珠做固定，用剪刀剪去多余的鱼线。

16 在枫叶底部这端的鱼线穿入一个玻璃球吊坠，同样用定位珠进行固定，用剪刀剪去多余的鱼线。

17 给圆花和剑菊分别粘上花蕊，完成秋色吊饰的制作。

第 4 章

捏片的变化及运用示例

本章细工花饰作品制作主题共4节,

分别从春、夏、秋、冬四季中获取主题制作灵感,

通过对不同造型捏片的排布、组合、设计,

制作出各种各样的细工花饰作品。

4.1 明媚春日

"草长莺飞二月天，拂堤杨柳醉春烟。"春天仿佛一夜之间就来了，用细工花饰制作一款春意盎然的饰品，戴着它去郊外踏青吧！

海棠初绽发钗（双重圆型）

◆ **材料**

切 片	粉色渐变点染 5 姆米洋纺 3cm×3cm×10 片、2.5cm×2.5cm×10 片、2cm×2cm×18 片、褐红色 8 姆米双绉 1cm×1cm×9 片，绿色人造棉 3.5cm×2.5cm×2 片、2cm×1.5cm×2 片
底 座	直径约 0.7cm 的圆形卡纸 2 片、褐红色底座包布 2 片、约 15cm 长的 26 号纸包铁丝 7 根、褐红色 72 号玉线适量
辅助材料	石膏花蕊 2 束、缠绕线适量、捆绑线适量
主体配件	10cm U 形钗一个

◆ 制作过程演示——底座准备

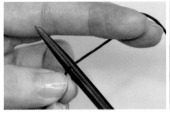

1 剪取约 15cm 褐红色玉线，从切口一端观察到线芯后将线芯抽出。

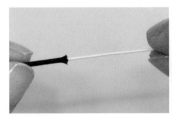

2 将纸包铁丝小心地穿入抽去线芯的玉线中，一边穿一边把玉线捋平整。

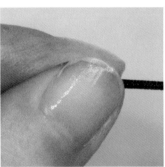

3 穿到铁丝顶端后蘸取适量白乳胶，用两指捏合并轻轻搓一搓，让其自然晾干封口。采用同样的方法一共处理 5 根铁丝备用。

4 取一根处理好的铁丝，按照 2.3 节中平底座的制作方法，制作一支褐红色基础平底座。

◆ 制作过程演示——捏片制作

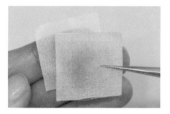

5 参考切片染色方法，准备两片 2.5cm×2.5cm 的粉色渐变点染切片。

6 将两片切片对齐重叠，用镊子夹住对角线偏上的位置。

7 把两片切片从下方分开，同时分别向上对折。

8 将向上对折的切片尖角与镊子夹住的切片尖角对齐，顺势捏住。

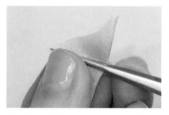

9 抽出镊子，夹住三角形切片的中线。

10 以左手食指为托，让镊子夹住右侧切片，使其向左翻折，左手拇指顺势压住尖角。

11 抽出镊子，夹住三角形切片的中线。

12 将尖角分向两侧，并分别向上对折，对齐所有尖角，顺势用手指将尖角捏住。

13 用镊子夹住捏片下缘保持其形状规整，用尖角蘸取适量白乳胶。

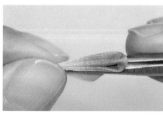

14 左手两指轻轻捏合尖角，待其完全捏合后将捏片抽出并抹去余胶。注意，此处需整理尖角，确保其完全捏合、线条流畅、没有余胶。

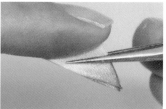

15 用剪刀剪去捏片底部的抽丝和参差不齐的多余布料，给捏片底部抹胶，捏合底部并抹去余胶，以指腹轻压，整理形状。

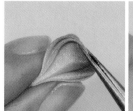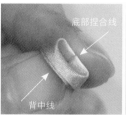

16 待白乳胶半干，用手指捏住捏片尖头，用镊子将捏片背部立起，顺势以两指压开捏片，使底部捏合线和背中线对齐后松开，这样就做好了一个双重圆型捏片。

17 用相同的方法，用剩余的 8 片 2.5cm×2.5cm 的切片再做 4 个双重圆型捏片，用 3cm×3cm、2cm×2cm 这两种尺寸的粉色渐变点染切片分别做 5 个和 9 个双重圆型捏片。

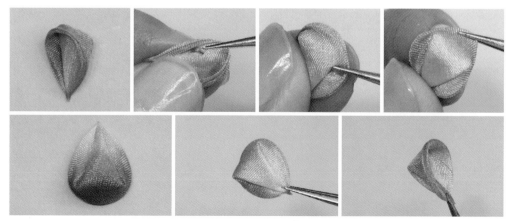

18 取一个用 2cm×2cm 切片制作的双重圆型捏片，将两侧折角翻向背面（底部捏合面），整理背部，使捏片饱满、舒展，形成双层反圆型捏片。用同样的方法，将用 2cm×2cm 切片制作的其他 8 个双重圆型捏片做成反圆型捏片。

◆ 制作过程演示——捏片组合

19 取 5 个用 2.5cm×2.5cm 切片制作的双重圆型捏片，用镊子夹住双重圆型捏片，用底部尖端蘸适量白乳胶后铺排在底座上，使捏片尖端对齐底座中心。将捏片依次铺排在底座上，整理捏片使花朵圆润、紧凑。

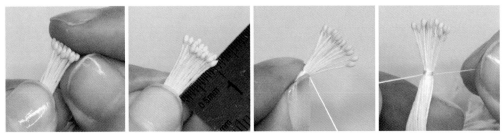

20 将两束石膏花蕊合并对齐，在距离花蕊约 1.2cm 处用捆绑线捆扎系紧。

21 用剪刀剪去多余花蕊杆和捆扎线，用镊子夹住花蕊，用底部蘸取适量白乳胶后粘在花朵中心。用镊子尖端劈开花蕊束，使花蕊自然散开，单朵海棠花制作完成。

22 取一片反圆型捏片，在背面一侧抹适量白乳胶，并与另一片反圆型捏片小心黏合，用同样的方法连接3片反圆型捏片。

23 取一根穿好玉线并已封口的铁丝，用平口钳将铁丝一端弯折成U形后捏合。

24 用铁丝捏合端蘸取适量白乳胶，分别涂抹在捏片组件的右侧和中间。将捏片组件从两侧向中间围合，包住铁丝（注意3片捏片的插合顺序），整理形状，做出花苞的基本造型。

25 参考圆型捏片的做法，用1cm×1cm褐红色切片先做出圆型捏片，再将其调整成反圆型捏片。在捏片背面抹适量白乳胶，将捏片尖对齐花苞组合缝粘稳，用两指捏合使其包住花苞底部。

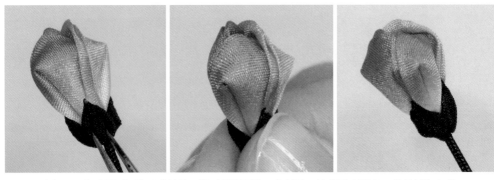

26 依次粘上 3 片反圆型捏片形成花萼，随后整理形状，使花瓣、花萼形态圆润，花苞制作完成。

◆ **制作过程演示——叶子制作**

27 取一片绿色布片，均匀抹上薄薄一层白乳胶，在中线处粘一根铁丝，取另一片布片对齐贴上，做出叶子雏形。

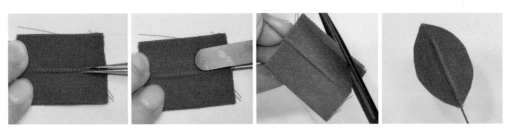

28 先用镊子尖端沿铁丝轮廓压出叶子主叶脉，再用镊子尾部均匀刮平布料，使其完全黏合。待白乳胶半干时，用剪刀修剪出叶子的形状，注意叶脉的位置，左右叶面应尽量对称。

29 在叶子根部补一些白乳胶，用右手两指捏住根部并向上捏合，做出叶缘弧度。用左手两指捏住叶脉，弯出叶片弧度，整理叶片形状，完成叶子制作。

◆ 制作过程演示——组合固定

30 按照前面给出的花朵底座、花朵、花苞和叶片的做法，做出全部构件，包括两朵海棠花、三枝花苞、两片叶子。

31 将花朵和花苞合成一束，用缠绕线在距花朵约5cm处简单捆绑。简单固定后，将花朵和花苞稍微拉开一些，避免彼此挤压导致变形。将调整后的花束固定在U形钗上，依次加入两片叶子（剪掉叶子下面过长的铁丝），用缠绕线缠绕一段，使花束稳固。

   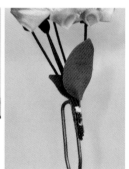

32 将绒线打结固定后剪去多余线头，在花束和U形钗接触部分涂适量万能胶加固，待万能胶干后用剪钳剪去多余铁丝，注意铁丝不能对齐剪断，需剪出层次来，以便后面正式捆绑绕线。

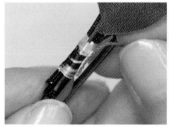  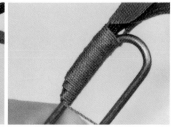

33 用捆绑线的一端蘸取少量白乳胶，粘在花束根部，用手压住线头开始缠线。此处须尽量细密、整齐地缠绕排线至铁丝尽头。

34 缠绕至铁丝尽头后，小心地往回缠绕第二层线，遮掩第一层线之间的缝隙，并使花束根部圆润、稳固。缠绕至顶部后，将线头穿入线圈，打结拉紧。再打结固定一次，增强捆绑的牢固性。

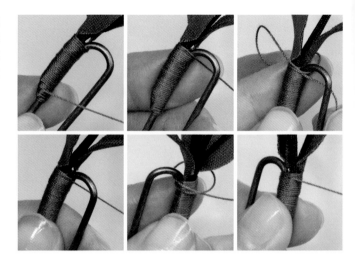

35 提起线头，在根部涂少量白乳胶，将线头顺向拉紧，用拇指压住抹胶处揉一揉，使胶渗入绑线之间。剪去多余线头，捆绑固定完成。

◆ 制作过程演示——整理造型

36 调整叶片造型，将花茎弯曲，使其形成优美的下垂弧度。调整海棠钗的整体造型，完成制作。

摇曳柳枝耳环（双重刽型）

◆材料

切　　片　绿色 8 姆米电力纺 1.5cm×1.5cm×44 片、蓝绿混色点染 8 姆米电力纺 1.5cm×1.5cm×44 片

辅助材料　72 号绿色玉线适量、水滴珠 4 颗、约 11cm 长的 1.2mm 波仔链 6 条、1.5mm 的侧开包扣 6 个、开口圈 4 个

主体配件　耳环配件 1 套

◆ 制作过程演示——捏片制作

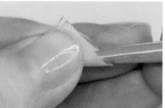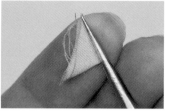

1 取一片 1.5cm×1.5cm 绿色 8 姆米电力纺切片，参考太阳花一字夹案例中步骤 4~5 的做法，制作一片半
成型捏片。

2 用镊子夹住半成型捏片，换用左手中指和无名指
将其夹住备用。

3 取一片 1.5cm×1.5cm 蓝绿混色点染 8 姆米电力
纺切片，采用步骤 1 的方法制作一片相同造型
的半成型捏片。

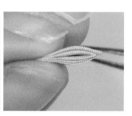

4 将步骤 3 制作的捏片对齐重叠在步骤 2 制作的捏片上（蓝绿色在上、绿色在下），用镊子夹住对齐的捏
片中线，用拇指和食指左右分别从下往上折起并对齐尖角。左手捏稳捏片保持形状，用镊子夹住捏片背
部顶端，使劲夹拔数次，使捏片变得狭长。

5 用捏片尖部蘸取适量白乳胶，捏合固定，剪去底部多余抽丝，在底部抹适量白乳胶，抹去余胶，捏合压平，
一片捏片制作完成。用同样的方法，将剩下的 43 片切片制作成双重剑型捏片。

◆ 制作过程演示——捏片组合

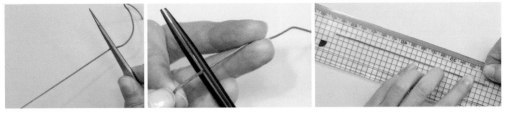

6 用镊子夹住玉线用力捋数次，使玉线顺直不打卷，剪取约 15cm 将直的玉线，用透明胶粘在有刻度的尺子上固定。

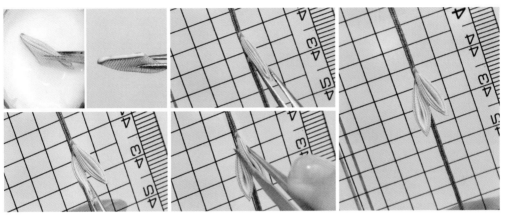

7 取一片制作好的捏片，用底部蘸适量白乳胶，在距玉线一端约 2.5cm 处对齐尺子刻度粘在玉线上。另取一片捏片，蘸白乳胶后紧贴第一片捏片退后约 0.25cm 粘在玉线上。调整捏片，使两片捏片紧密贴合、黏合稳固。至此，一组捏片铺排制作完成。

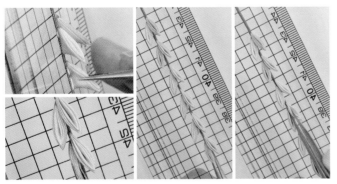

8 根据步骤 7 的组合方法，依次按组铺排捏片，需铺排 6 组，每组捏片之间相距约 0.25cm。铺排完毕后整理捏片，使其均匀、流畅。

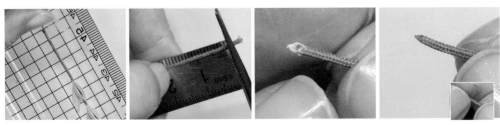

9 待白乳胶干透后将玉线取下，在距离捏片尖端约 2cm 处剪去多余玉线，给玉线切口抹适量白乳胶，用手捏合防止散开。

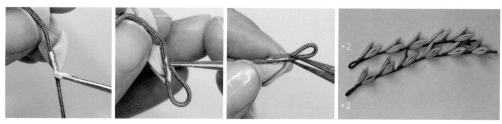

10 在捏片背后的玉线上抹适量白乳胶，将封好口的玉线黏合在捏片背部形成挂环，另一端也用同样方法做出挂环，完成柳条组件的制作。用相同的方法，一共制作出两条由 5 组捏片组合、两条由 6 组捏片组合而成的柳条组件。

◆ 制作过程演示——组合固定

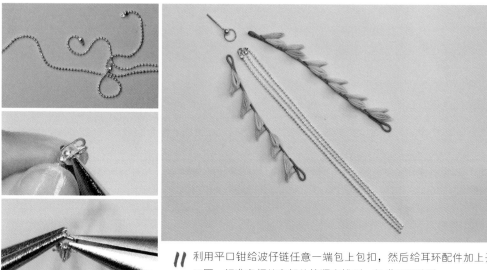

11 利用平口钳给波仔链任意一端包上包扣，然后给耳环配件加上开口圈，把准备好的各部件按顺序排列，组成耳环造型。

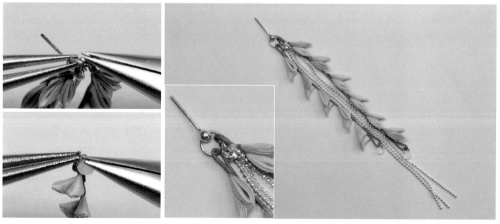

12 借助钳子将柳条组件和波仔链固定在耳环配件上，并在两根柳条组件底部分别用开口圈挂上一颗水滴珠，这样一只柳枝耳环就制作完成了。用相同的方法制作出另一只耳环，完成一对摇曳柳枝耳环的制作。

朵朵樱花 chocker（樱型、刽叠褶型）

◆材料

切　片　粉色 10 姆米乔其纱 2.5cm×2.5cm×10 片、2cm×2cm×20 片、1.5cm×1.5cm×10 片，红绿混色点染 10
姆米电力纺 3cm×3cm×1 片、2.5cm×2.5cm×1 片

底　座　直径约 1.2cm 的圆形卡纸 2 片、直径约 0.8cm 的圆形卡纸 2 片、白色底座包布 2 片、2mm 宽的麂皮绒绳适量

辅助材料　1.2cm 宽的蕾丝带 1 米、石膏花蕊 2 束

◆ 制作过程演示——底座制作

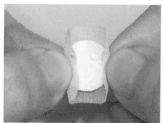

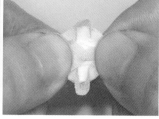

1 剪取两段 3cm 麂皮绒绳备用。

2 参考平底座的做法，包合直径约 1.2cm 的圆形卡纸。

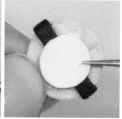

3 沿底座中央一线抹适量白乳胶，用剪取的麂皮绒绳包住底座，两端粘在底座中央，制成扣子。

4 在底座中心抹适量白乳胶，粘上直径约 0.8cm 的圆形卡纸。

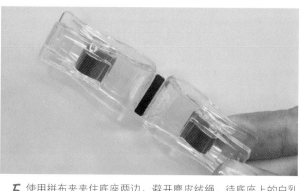

5 使用拼布夹夹住底座两边，避开麂皮绒绳，待底座上的白乳胶彻底干透后取下拼布夹。用同样的方法制作两个底座。

◆ 制作过程演示——捏片制作

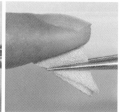

6 取两片 2.5cm×2.5cm 粉色 10 姆米乔其纱切片，对齐重叠，用镊子夹住对角线略上的位置，用拇指和食指分开两片切片，分别由下往上折起。参照小圆梅冰箱贴案例中步骤 4~8 的做法，制作圆型捏片，然后将捏片底部捏紧、抹平。

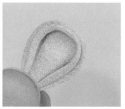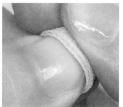

7 用镊子夹住捏片背部立起，使其舒展、圆润。

8 在捏片背部夹缝中抹适量白乳胶，小心黏合，避免溢胶。

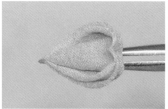

9 用镊子夹住捏片背部中点向内夹合，将捏片整理成心形，完成樱型捏片的制作。用同样的方法，一共制作 5 个 2.5cm×2.5cm、10 个 2cm×2cm、5 个 1.5cm×1.5cm 尺寸的樱型捏片。

10 取一片 3cm×3cm 红绿混色点染 10 姆米电力纺切片，参考太阳花一字夹案例中步骤 4~6 的做法，制作剑型捏片的初始造型。

11 在捏片底边约 1/4 处用镊子夹住捏片背部。

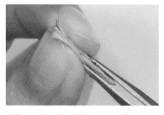

12 用拇指和食指分开捏片两角，分别向上折起。

13 用手捏稳捏片并抽出镊子。

14 用镊子夹住捏片背部。

15 分开捏片两角，分别向上折起。

16 捏稳捏片，抽出镊子，然后用镊子夹紧捏片尖部，用力向外拔。

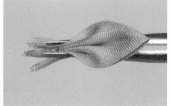

17 用镊子夹住捏片根部中间的两道褶子，往根部略收，使捏片造型变得圆润。小心整理好造型后夹住捏片根部。

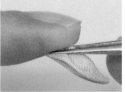

18 在捏片根部切边，抹适量白乳胶，用手抹去余胶后捏合、压平。

19 用拼布夹夹住捏片根部，等待白乳胶完全干透。用同样的方法，将 2.5cm×2.5cm 红绿混色点染电力纺切片制成剑叠褶型捏片。

◆ 制作过程演示——捏片组合

20 取一片 2.5cm×2.5cm 切片制作的樱型捏片，给尖部涂胶后对准底座中央铺排。依次铺排好 5 片捏片，完成第一层花瓣的铺排制作。

21 整理第一层捏片，使其造型圆润、稳固。在捏片间隔之间铺排 5 片用 2cm×2cm 切片制作的樱型捏片，整理造型，使其舒展、圆润。

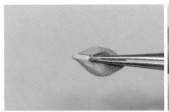 

22 取较大的剑叠褶型捏片，蘸适量白乳胶，插在第一层捏片之间。

23 取一束石膏花蕊，用缠绕线捆扎，捆扎稳固后展开花蕊，以中央为圆心用手压平，使花蕊向四周散开。

24 剪去多余花蕊杆，蘸取适量白乳胶，粘在做好的樱花中央，这样一朵樱花就制作完成了。用同样的方法，制作出另一朵较小的樱花。

◆ **制作过程演示——组合固定**

25 拿出两朵樱花和蕾丝带，利用镊子将蕾丝带穿过樱花花朵底座背后的鹿皮绒扣子，调整花朵至合适位置，朵朵樱花chocker 饰品制作完成。

蒲公英珍珠耳钉
（剪口圆型）

◆ 材料

切 片	黄色8姆米电力纺1.5cm×1.5cm×24片、1.25cm×1.25cm×16片
底 座	白色底座包布2片
辅助材料	直径约1cm的直孔珍珠2颗、装饰金属珠2颗、9字针2根、球针2根、开口圈2个、定位珠2颗
主体配件	网筛耳钉配件1套

◆ **制作过程演示——底座制作**

1 在底座包布上均匀涂抹白乳胶。

2 放上底托网筛。

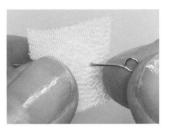

3 将9字针穿过网筛上的一个边缘孔。

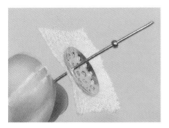

4 在9字针上串入一颗定位珠。

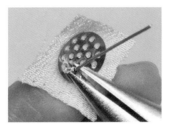

5 移动定位珠，使其尽可能贴紧9字针根部，用平口钳夹扁定位珠。

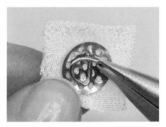

6 用平口钳弯折9字针后用剪钳剪去多余铜丝，并将9字针剩余的铜丝弯折在网筛盘内。

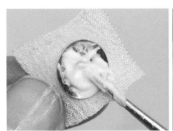
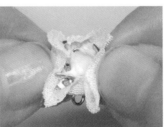

7 在网筛盘中抹适量白乳胶，参照 2.3 节的平底座制作方法，包合网筛并用手整理、压平。

8 将做好钩环的网筛嵌入耳钉底座，用平口钳将底座上的 4 个爪压倒，固定住网筛，这样底座就制作完成了。用同样的方法，一共制作两只耳钉底座。

◆ **制作过程演示——捏片制作**

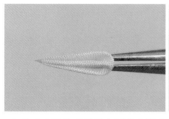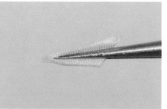

9 参考小圆梅冰箱贴案例中步骤 2~9 的做法，制作圆型捏片，在捏片背部约 1/2 处切边，用白乳胶黏合底部。

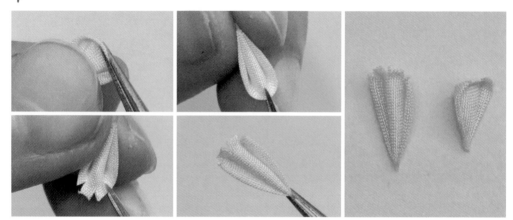

10 用镊子立起捏片背部，使捏片圆润，用剪刀分别在捏片的背中央、偏左、偏右的位置上剪出 3 道缺口，至此，剪口圆型捏片制作完成。用同样的方法，将 24 片 1.5cm×1.5cm 切片和 16 片 1.25cm×1.25cm 切片制作成剪口圆型捏片。

◆ **制作过程演示——捏片组合**

11 取一片用 1.5cm×1.5cm 切片制作的剪口圆型捏片，用尖端蘸取适量白乳胶，将尖端对准底座中心，运用十字对称排布法依次铺排第一层的 12 片捏片，铺排完毕后整理捏片造型，使花朵圆润、饱满。

12 继续运用十字对称排布法铺排第二层 8 片用 1.25cm×1.25cm 切片制作的捏片。整理整齐之后在花朵中央粘上装饰金属珠作为花蕊，完成蒲公英花朵的制作。用同样的方法，一共制作出两朵蒲公英。

◆ 制作过程演示——组合固定

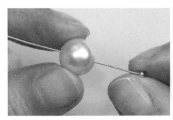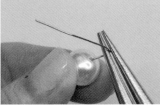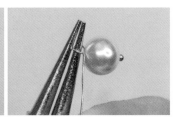

13 将球针穿过珍珠，用圆口钳在适当位置弯折，做出圈环。

14 将多余的铜丝在圈环底部缠绕几圈，用剪钳剪去多余铜丝。整理铜丝切口，完成珍珠挂坠配件的制作。

15 用开口圈将做好的珍珠挂坠配件固定在底座的钩环上，完成单只耳钉的制作。用同样的方法制作出另一只蒲公英珍珠耳钉。

4.2 九夏年华

"绿树阴浓夏日长，楼台倒影入池塘。"暑气炎炎，准备一杯凉茶，在慵懒的午后用细工花饰记录夏日心情，也不错吧？

梦幻紫阳戒指〈捏尖圆型〉

◆ 材料

切　片	粉紫蓝混染 10 姆米电力纺 1.5cm×1.5cm×4 片、1cm×1cm×12 片
底　座	直径约 0.6cm 的圆卡纸 1 片、约 8cm 长的 28 号纸包铁丝 4 根、粉紫蓝混染 10 姆米电力纺底座包布 4 片
辅助材料	花蕊 4 颗、定位珠 4 颗
主体配件	网筛底托戒指配件 1 套

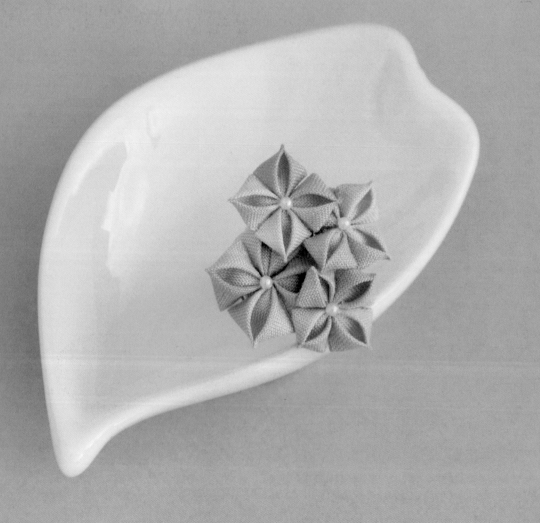

◆ 制作过程演示——底座制作

 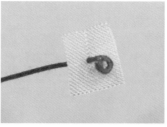 

1 取一根 28 号纸包铁丝，用圆口钳将顶端弯成圆环并掰弯呈 90 度，在铁丝上穿入底座包布，均匀地涂抹适量白乳胶。

 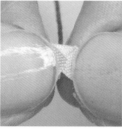  

2 参考平底座的做法，包合圆环，做出极小号的底座。用同样的方法一共制作 1 个直径约 0.6cm 的平底座（包圆卡纸），3 个极小号平底座（包铁环）。

◆ 制作过程演示——捏片制作

 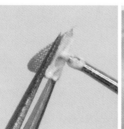 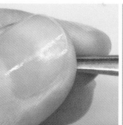 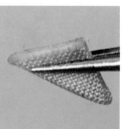

3 参考小圆梅冰箱贴案例中步骤 2~9 的做法，制作圆型捏片，在捏片底部抹适量白乳胶，用手小心地抹去余胶，将其捏合、压平。

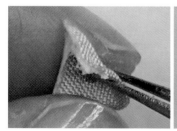 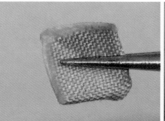 

4 趁白乳胶未干透，打开捏片底部，整理并捏合两边底部，使其平整。

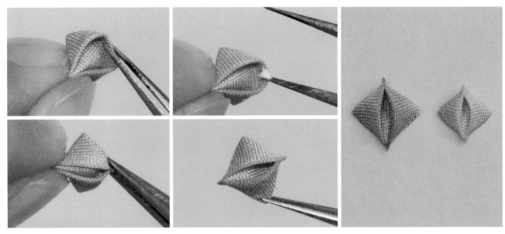

5 用镊子夹住捏片背部立起，使捏片立体有弧度。用镊子蘸取少量白乳胶抹在捏片背部中心，夹住捏片
　向外捏合背部中心，使其粘紧形成尖角，完成捏尖圆型捏片的制作。用同样的方法，一共制作 4 片
　1.5cm×1.5cm、12 片 1cm×1cm 的捏尖圆型捏片。

◆ 制作过程演示——捏片组合

6 取一片制作好的捏尖圆型捏片，用尖部蘸取少量白乳胶，小心地将其铺排在底座上。依次铺排 4 片捏片，
　整理形状，使其圆润、饱满。在花朵中心粘上准备好的花蕊，一朵紫阳花就制作完成了。用同样的方法，
　一共制作 4 朵紫阳花。

◆ 制作过程演示——组合固定

7 准备好 4 朵紫阳花和网筛底
　托戒指配件。

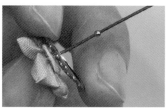

8 将一朵紫阳花穿过网筛，穿上一颗定位珠，使其尽可能地贴合紫阳花底部，用平口钳压扁定位珠，用同样的方法依次固定 4 朵紫阳花。固定时需注意花朵间的位置关系，保持错落有致、彼此不压迫。

9 用平口钳夹弯并掰倒多余的铁丝，让它们交叉盘错在网筛内。用剪钳剪去多余铁丝并整理网筛，使网筛能够包覆全部铁丝。

10 将处理好的网筛部件嵌入戒指底托，用平口钳压倒底托上的 4 个爪固定网筛。调整花朵位置，避免花朵相互压迫导致变形。至此，梦幻紫阳戒制作完成。

点金百合发梳（弧切剑型）

◆ 材料

切　　片　白色16姆米素绉缎10cm×10cm×6片、9cm×9cm×6片

辅助材料　约10cm长的26号纸包铁丝24根、约15cm长的24号纸包铁丝2根、石膏花蕊6根、金箔适量、缠绕线适量、墨绿捆绑线适量

主体配件　15齿发梳1个

◆ **制作过程演示——捏片制作**

1 取一片 9cm×9cm 白色 16 姆米素绉缎切片，参考太阳花一字夹案例中步骤 4~6 的做法，制作剑型捏片。

2 使用刻度尺将捏片背高等分为 3 份，连接 a 点与捏片尖角，做出标记。

3 拿出圆尺，连接 b 点与捏片尖角，从 b 点开始沿圆尺画出弧线，直到与上一步的标记线相接。这样就确定了剪切线。

4 用拼布夹夹好捏片，防止剪歪，沿步骤 2、步骤 3 确定的剪切线用剪刀剪去多余布料，余料留存备用。

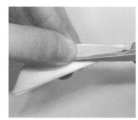  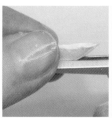 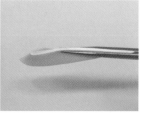

5 小心取下捏片并用镊子夹住，保持切口对齐。给直线切口的后半部抹上白乳胶，用手抹去余胶后捏紧、压平。

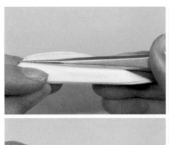

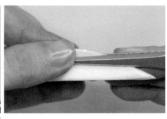

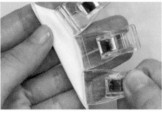

6 调整镊子位置至前半部分，涂上白乳胶并用手抹去余胶，捏紧、压平，然后沿切口夹上拼布夹，待白乳胶完全干透，完成弧切剑型捏片的制作。用同样的方法，处理剩下的所有切片。

◆ **制作过程演示——花瓣制作**

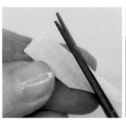

7 取一片步骤 4 的余料，用剪刀将其修剪成一端呈梯形的长条备用。

8 取步骤 6 制作的弧切剑型捏片，沿黏合线往后翻起。

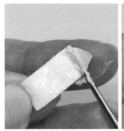

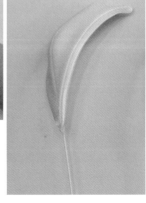

9 给步骤 7 剪出的梯形长布条均匀抹上白乳胶，在布条中线上粘一根 26 号纸包铁丝。将此部件黏合在捏片的直线切口段（此处需仔细黏合），至此，花瓣造型制作完成。用同样的方法处理全部捏片。

◆ 制作过程演示——花蕊制作

   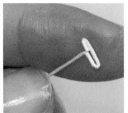

10 取一根 26 号纸包铁丝，用平口钳将铁丝一端弯折成长约 1cm 的扁圈环。

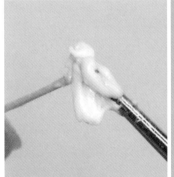  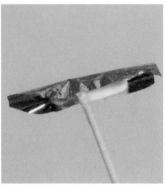

11 给圈环抹上适量白乳胶，粘上一块尺寸合适的金箔（4 边各多留出 2mm 左右），将金箔小心地包裹住圈环，这样一根百合花的雄蕊制作完成。用同样的方法一共制作 12 根雄蕊。

  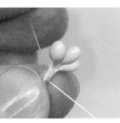 

12 取一根 24 号纸包铁丝，将一端弯折，将 3 根石膏花蕊合并夹入弯折处。用平口钳夹紧钩环，用缠绕线简单捆绑，用剪刀剪去多余的石膏花蕊的杆。

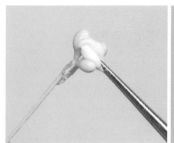

13 给石膏花蕊抹上适量白乳胶，粘上一块尺寸合适的金箔，将花蕊完全包裹。用墨绿色捆绑线一头蘸取白乳胶，粘在雌蕊花头根部，细致地沿花蕊根部缠绕。

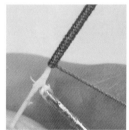
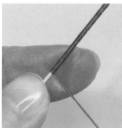
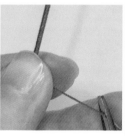

14 捆绑线缠绕约 5cm 后，在铁丝上抹适量白乳胶，用捆绑线继续缠绕几圈黏合固定，剪去多余的捆绑线，百合花的雌蕊制作完成。用同样的方法，再制作一根雌蕊。

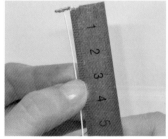
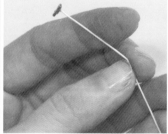

15 在距离金箔约 3cm 处微微弯折雄蕊，用同样的方法处理 6 根雄蕊，并把弯折后的雄蕊围绕在雌蕊周围，用缠绕线缠绕做简单固定。用同样的方法，将剩下的雄蕊、雌蕊组合固定在一起。

◆ **制作过程演示——组合花朵**

16 取一片制作好的花瓣，在根部微微向外弯折并入花蕊。用同样的方法捆扎 3 片花瓣，同时调整位置，使其均匀分布。在 3 片花瓣的间隙中再插入 3 片花瓣，用缠绕线简单固定，用剪刀剪去多余的缠绕线。

 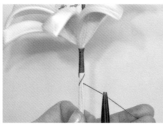

17 用捆绑线一端蘸适量白乳胶，粘在花朵根部，开始紧密缠线，缠绕约 2cm 长后简单固定并剪去多余捆绑线。调整花瓣、花蕊的位置，一朵百合花制作完成。用同样的方法制作另一朵百合花。

◆ **制作过程演示——组合固定**

18 制作好两朵百合花后，调整花朵在发梳上的分布，确定组合固定的位置。

19 取一枝百合花，贴合发梳弧度，用缠绕线简单固定，剪去多余的铁丝（此处的铁丝需参差剪断，便于固定和捆扎），用缠绕线继续缠绕固定。用同样的方法在另一端固定另一朵百合花。

   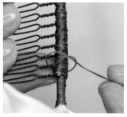

20 用捆绑线一端蘸适量白乳胶，粘在发梳一端，开始紧密缠线。缠绕一层后会有一些缝隙和不平整，为了美观，往回继续缠绕一层，然后将捆绑线打结两次进行固定。

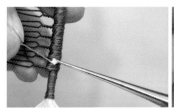  

21 掀起线头，在捆绑线根部抹适量白乳胶黏合固定，用剪刀剪去多余线头，用平口钳将两朵花立起，调整花的角度和位置，完成饰品的制作。

池塘一隅发钗（圆型、反圆型、喇叭型）

◆ 材料

切　片	墨绿色平纹棉布 4cm×4cm×8 片、3.5cm×3.5cm×8 片、浅粉色一越缩缅 3cm×3cm×6 片
底　座	直径约 1cm 的圆形卡纸 2 片、绿色平纹棉布底座包布 2 片、约 15cm 长的 24 号纸包铁丝 4 根、26 号纸包铁丝若干
辅助材料	直径约 1cm 的直孔珍珠 1 颗、金鱼形装饰吊片 1 片、深绿色 72 号玉线若干、缠绕线若干、墨绿色捆绑线若干
主体配件	带针 U 形钗 1 根

◆ 制作过程演示——底座与花杆制作

1 参考海棠初绽发钗案例中步骤 1~3 的做法，
处理两根 24 号纸包铁丝。参考平底座的做法，
做出两个平底座。

◆ 制作过程演示——捏片制作

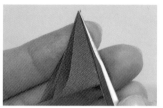
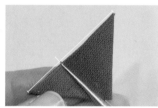

2 取一片 4cm×4cm 墨绿色平纹棉布切片，沿对角线向上对折，用两根手指捏住。

3 用镊子夹住等腰三角形捏片的中线并翻折，拇指顺势压住捏片。

4 抽出镊子，用镊子夹住捏片底边约 1/3 处。

5 用拇指食指分开捏片两角并分别向上折起，保持底边对齐，调整好位置后抽出镊子并夹稳捏片底部。

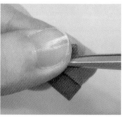
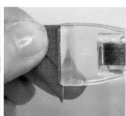

6 给捏片底边抹适量白乳胶，用手小心抹去余胶后捏紧、压平，夹上拼布夹待白乳胶完全干透。

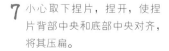

7 小心取下捏片，捏开，使捏片背部中央和底部中央对齐，将其压扁。

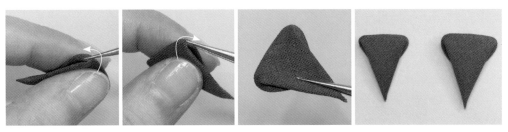

8 将捏片两边转角处外翻，固定形状，喇叭型捏片制作完成。用同样的方法将 8 片 4cm×4cm 切片和 8 片 3.5cm×3.5cm 切片制作成喇叭型捏片。

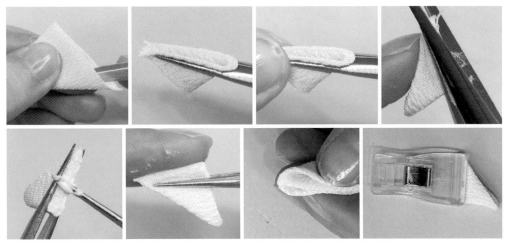

9 取一片 3cm×3cm 浅粉色一越缩缅切片，参考小圆梅冰箱贴案例中步骤 2~9 的做法，制作圆型捏片。

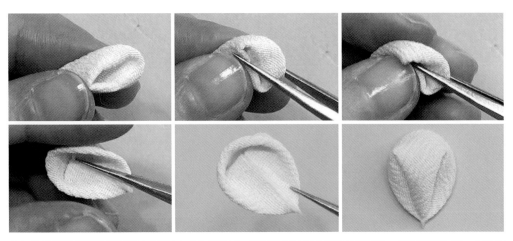

10 参考海棠初绽发钗案例中步骤 14~18 的做法，将圆型捏片制作成反圆型捏片。用同样的方法一共制作 6 片反圆型捏片。

◆ 制作过程演示——捏片组合

11 取一片制作好的喇叭型捏片，在边缘小心地抹上白乳胶。用手指从捏片表面向捏片背面轻轻抹平白乳胶，避免向表面溢胶。

12 取另一片同尺寸的喇叭型捏片，沿打胶捏片边缘仔细黏合。用镊子夹住，保证两片捏片黏合稳固。

13 在捏片边缘抹胶黏合余下的 6 片捏片，借助镊子组合出圆形荷叶造型。

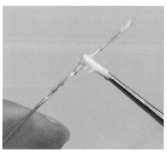  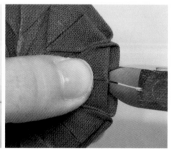

14 取一根 26 号纸包铁丝，均匀抹上白乳胶，沿捏片正中线插入捏片内部作为支撑，紧贴捏片底部中线用剪钳剪去多余铁丝。用同样的方法给 8 片捏片都插入一段铁丝。

15 仿照荷叶的弧度，用手捏住捏片内部的铁丝使其弯曲，做出造型。

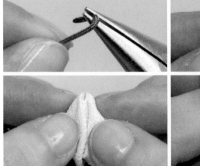

16 取一个平底座，均匀抹上适量白乳胶，粘在制作好的荷叶底部，完成一枝荷叶的制作。用相同的方法制作另一枝荷叶。

17 取一片浅粉色反圆型捏片，在其内部一侧抹适量白乳胶，依次组合连接两片捏片。

18 取一根处理好的 24 号铁丝，用平口钳将其一端弯折，蘸取适量白乳胶，抹在连接好的捏片内部。将捏片尖头向上呈包围状，包合铁丝钩环，调整捏片位置，使其黏合稳固、形状饱满。

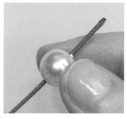 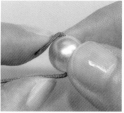  

19 取另一根处理好的 24 号铁丝，串上一颗直径约 1cm 的直孔珍珠。弯折铁丝，使其呈托举状支撑珍珠。

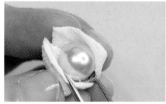  

20 取一片浅粉色反圆型捏片，尖头向上。在捏片边缘内部涂适量白乳胶，将珍珠黏合在捏片内部。交错黏合另外两片捏片，让捏片底部包合珍珠、顶部打开，呈小荷初绽状。

◆ **制作过程演示——组合固定**

21 拿出制作好的两枝大小不同的荷叶、两枝不同形态的荷花。

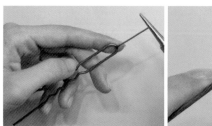

22 取一个带针 U 形钉，用圆口钳将针顶端弯成钩环。

23 组合准备好的荷花、荷叶,大致调整位置与形态,确定整体造型。将荷花、荷叶并入带针 U 形钗的针部,用缠绕线简单缠绕固定。

24 随机向上弯折两根铁丝,使其勾住 U 形钗主体以保证稳固。剪去另外两根铁丝,用缠绕线缠绕固定。剪去向上弯折的铁丝的多余部分,用平口钳压紧弯折处,使其贴合 U 形钗的形状。

25 用捆绑线一端蘸适量白乳胶,粘在钩环底部,开始细密缠线。为保证发钗的稳固和美观,捆绑一个来回后,捆绑线在钩环下部打结两次。捆绑绕线完成后掀起线头,在根部涂上适量白乳胶,使其黏合稳固,用剪刀剪去多余线头,完成捆绑。

26 取一个金鱼形装饰吊片,用开口圈将吊片连接在 U 形钗的钩环上,完成池塘一隅发钗的制作。

荼蘼花开颈环（叠褶型、特殊叠褶型）

◆ 材料

切　　片	白色 5 姆米洋纺 4cm×4cm×22 片
底　　座	直径约 2cm 的网筛底托吊坠 1 个、白色底座包布 1 片
辅助材料	白色蕾丝 1m、10mm 单孔珍珠 1 颗
主体配件	记忆金属璎珞圈配件 1 套

◆ **制作过程演示——底座制作**

1 参考太阳花一字夹案例里步骤 1~3 的做法，制作一个吊坠底托备用。

◆ **制作过程演示——捏片制作**

2 准备一块不会掉色且吸水性良好的手帕，以及一个能够容纳切片的浅平盘。

3 在浅平盘中倒入适量清水。

4 用镊子取一片 4cm×4cm 的白色 5 姆米洋纺切片，铺入浅平盘将其完全打湿。

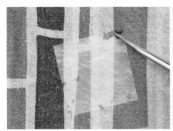

5 小心取出切片，将其平铺在展开的手帕上。用另一半手帕盖住切片，轻轻按压，吸去切片上多余的水分。

6 小心提起湿润的切片，参考简洁吊环壁挂案例中步骤 2~5 的做法，制作叠褶型捏片。

 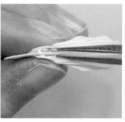  

7 用镊子尖蘸取少量白乳胶，抹入捏片根部的褶间。用手捏合捏片根部并搓圆，保证黏合稳固，捏片雏形
制作完成。

8 捏住根部保证捏片不散开，随
机搓揉捏片叠褶部分，使捏
片形成不规则的褶皱。至此，
特殊叠褶型捏片制作完成。

9 用同样的方法制作足够数量的捏片。注意，捏片的造型可以不相同，
只要捏片大体成椭圆形且褶皱均匀自然、捏片根部不散即可。

◆ 制作过程演示——捏片组合

10 取一片制作好的特殊叠褶型捏片，根部留约 0.5cm，用剪刀剪去多余根部，蘸取适量白乳胶，铺排在制
作好的底座上。使用对称铺排法再铺排 5 片捏片，用手整理造型使其圆润，确定荼蘼花朵的基础形状。

11 在第一层捏片的间隙中铺排第二层，在新一层的花瓣间隙铺排第三层、第四层等（通常第二、三层的间隙比较明显，到第三层基本铺满花瓣间隙，后面只需要填补花蕊部分），注意保持每一层相对圆润、彼此融合、连接流畅。铺排至花朵饱满，不能再加入更多花瓣，完成捏片组合的制作。

◆ 制作过程演示——组合固定

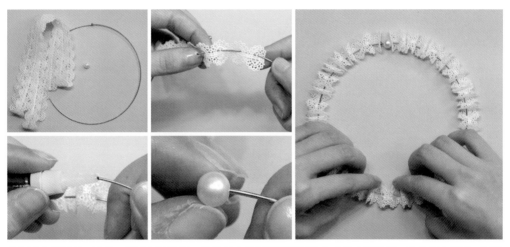

12 准备好蕾丝、珍珠、璎珞圈等配件。沿蕾丝中线采用波浪形的方式穿入璎珞圈，待全部穿好后，用璎珞圈一端蘸适量万能胶，粘上单孔珍珠收尾。整理蕾丝，使其均匀分布。

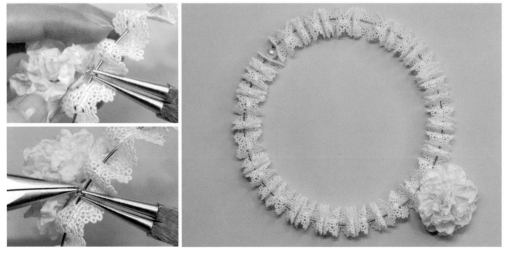

13 找到蕾丝中心点，用开口圈将制作好的茶蘼吊坠挂在璎珞圈上，完成茶蘼花开颈环的制作。

暗红色玫瑰发钩（平口剑型、圆型）

◆ 材料

切　　片　　花瓣：暗红色 16 姆米砂洗电力纺 1.5cm×1.5cm×3 片、2cm×2cm×3 片、2.5cm×2.5cm×9 片、
3cm×3cm×5 片，萼片：墨绿色平纹棉布 1.5cm×1.5cm×5 片

底　　座　　直径约 1.5cm 的保丽龙球 1 个、26 号纸包铁丝 1 根、暗红色顶端贴片 1 片、白色底座包布 1 片

辅助材料　　装饰吊片 1 个、开口圈 1 个

主体配件　　发钩 1 个

◆ 制作过程演示——底座制作

1 制作一支球形底座，注意顶部贴片使用和玫瑰主体同样的面料。

◆ 制作过程演示——捏片制作

2 取一片 3cm×3cm 暗红色 16 姆米砂洗电力纺切片，用镊子夹住中线偏上的位置，由下往上将切片沿中线对折。用镊子夹住对折后的长方形的中线位置，翻转镊子由右向左对折。

 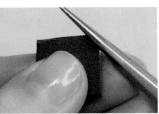

3 对齐切片 4 个角，用镊子尖部蘸少量白乳胶抹入 4 个角，用镊子夹住尖部使其黏合。

4 翻转捏片使折角向上，用镊子尖部蘸少量白乳胶，夹住折角同时下压，使其陷入捏片内部，做出适当的平折口。用拇指和食指顺势捏紧折口，抽出镊子，压匀白乳胶，粘稳折角。

5 镊子对齐平折口，夹稳捏片，翻转镊子并卷起折口，左手拇指顺势压住折口。

6 抽出镊子，左手拇指向上搓，卷起整片捏片，用力搓一搓加固造型。松开两指捏片就自然弹回，顶部抹胶处形成自然的卷曲弧度，平口剑型捏片制作完成。

  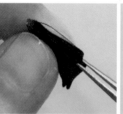 

7 用镊子对齐捏片尖部，轻轻夹住做好的平口剑型捏片。对折两边，用镊子夹稳，整理捏片使其对齐，用剪刀剪去多余抽丝。

8 在捏片切口抹适量白乳胶，用手小心抹去余胶并捏紧、压平。趁白乳胶半干，打开捏片、整理两边，重新卷一下捏片卷口，确保弧度。至此，捏片封边制作完成。

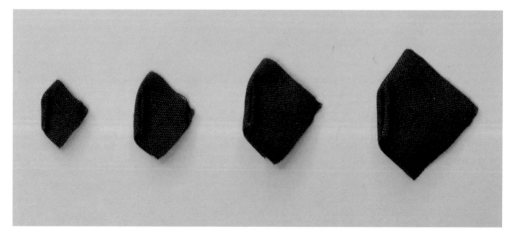

9 参考步骤 2~6 的做法，将 3 片 1.5cm×1.5cm 切片、3 片 2cm×2cm 切片、9 片 2.5cm×2.5cm 切片分别制作成平口剑型捏片。参考步骤 2~8，将 5 片 3cm×3cm 切片制作成封边的平口剑型捏片。

10 取一片墨绿色平纹棉布切片，参考小圆梅冰箱贴案例中步骤 2~9 的做法制作圆型捏片。用镊子对齐捏片尖端（尽可能贴合捏片背部夹稳），用剪刀贴合镊子切边。在捏片底部抹适量白乳胶；用手抹去余胶，捏紧、压平，夹上拼布夹待白乳胶完全干透。

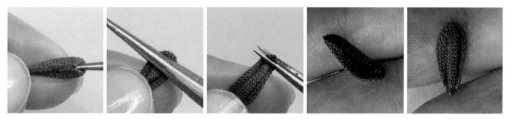

11 待白乳胶干透后取下捏片，用镊子小心对齐背部中线和底部中线压平整片切片。轻微卷起捏片尖角，做出自然向外翻的弧度。用同样的方法，一共制作出 5 片捏片。

◆ 制作过程演示——捏片组合

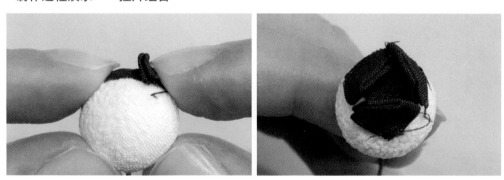

12 取一片用 1.5cm×1.5cm 切片制作的平口剑型捏片，给尖部抹少量白乳胶，找准底座顶端中心，将其黏合在底座上。依次粘上两片相同尺寸的捏片。

13 轻轻掀起一片捏片，在右侧尖角抹少量白乳胶，将捏片压在相邻捏片左侧尖角上粘稳。用相同的方法间插连接 3 片捏片，使顶部捏片呈包合状。

14 对齐第一层捏片的间隙，依次粘上 3 片用 2cm×2cm 切片制作的捏片，参考步骤 13 的间插连接方法，将其粘稳。

15 间插连接第三层 4 片用2.5cm×2.5cm 切片制作的捏片。

16 间插连接第四层 5 片用2.5cm×2.5cm 切片制作的捏片。

17 以底座底部的纸包铁丝为中心，贴上 5 片用 3cm×3cm 切片制作的捏片，间插包合粘稳。至此，玫瑰花制作完成。

18 参考简洁吊环壁挂案例中步骤 14~15 的做法，用圆口钳将底部的纸包铁丝制作成挂环。

19 取一片萼片，在底部顶端抹适量白乳胶，黏合在第五层捏片背面的间隙上。依次铺排黏合 5 片萼片，玫瑰花制作完成。

◆ **制作过程演示——组合固定**

20 将准备的发钩、装饰吊片和玫瑰花朵等配件用开口圈组合起来，完成玫瑰发钩饰品的制作。

4.3 秋色灿烂

"自古逢秋悲寂寥，我言秋日胜春朝。"秋天是丰收的季节，累累硕果、摇曳秋草，无一不撩动着喜悦的心情。

硕果累累抓夹（反圆型）

◆ **材料**　切　　片　紫色系绉布 2cm×2cm×42 片
　　　　　　辅助材料　9 字针 21 根、装饰叶片吊坠 2 片、o 形链条 1 根、开口圈 4 个
　　　　　　主体配件　小抓夹 1 个

◆ 制作过程演示——捏片制作

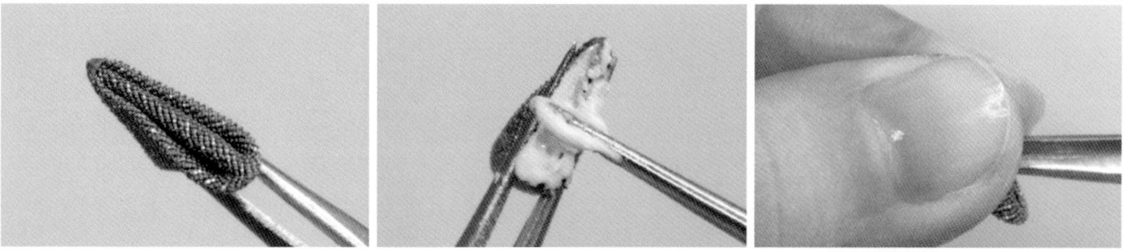

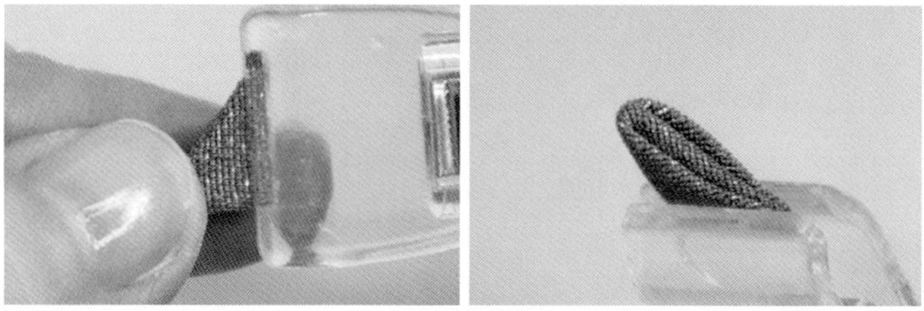

1 参考小圆梅冰箱贴案例中步骤 2~7 的做法，将一片紫色系绉布切片制作成一个圆型捏片。在捏片底部抹胶并用手捏紧黏合，给捏片夹上拼布夹，待白乳胶完全干透。

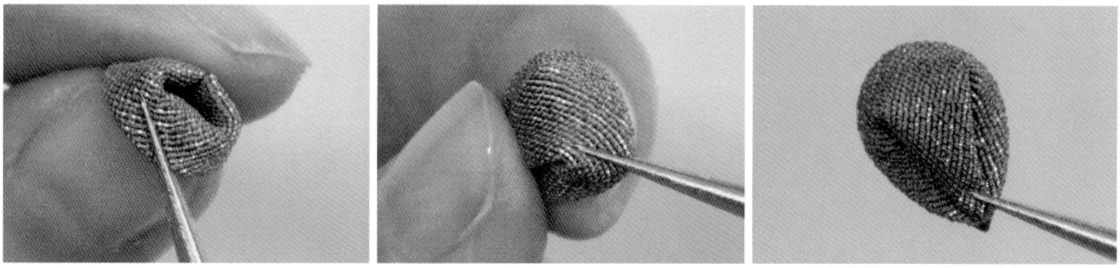

2 等白乳胶完全干透后取下捏片，参考海棠初绽发钗案例中步骤 18 的做法，将圆型捏片翻折做成反圆型捏片。用相同的方法，将剩下的 41 片切片都做成反圆型捏片。

◆ 制作过程演示——捏片组合

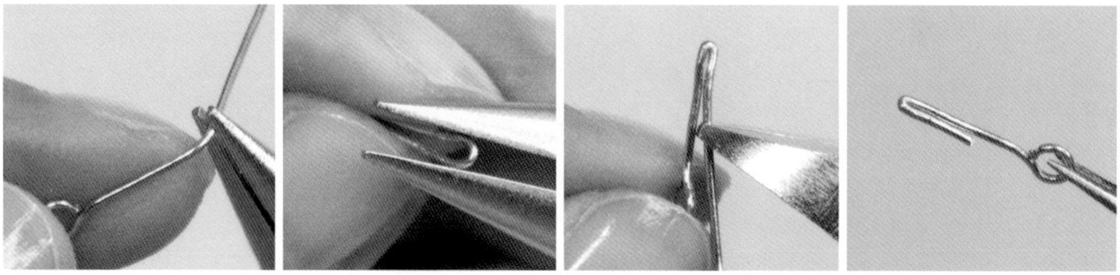

3 取一根 9 字针，用平口钳先在距环部约 1cm 处弯折，然后夹紧弯折处，用剪钳剪去多余部分，挂环制作完成。用同样的方法一共制作 21 枚挂环。

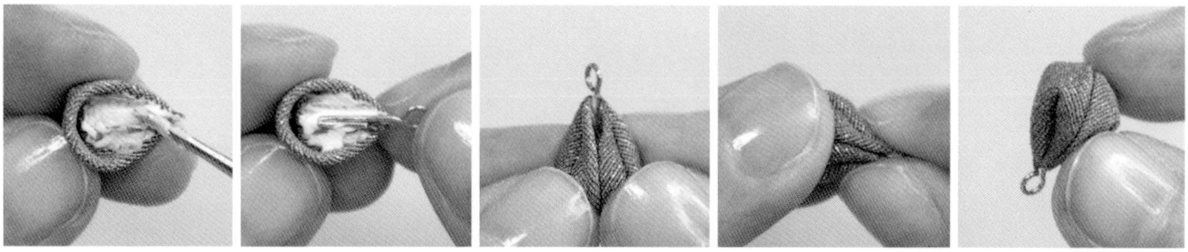

4 取一个反圆型捏片，在其内部抹适量白乳胶并粘上一枚准备好的挂环。另取一个捏片，将两个捏片相对黏合，整理造型，使捏片黏合稳固、形状圆润、饱满。至此，一个果子就制作完成了。

5 按上一步的方法制作 21 个果子。在保证
主色调和谐的基础上，可以适当加入一些
特别色彩的果子，这样能够使作品更有趣
味、充满变化。

◆ **制作过程演示——组合固定**

6 用平口钳打开果子的钩环，将其挂在准备好的 o 形链一端，依次挂上其他果子。
注意色彩排布，果子应疏密有致，彼此不要挤压。

7 挂上全部果子之后，在顶部挂
上两片金属叶片作为装饰，在
合适位置用剪钳剪断 o 形链。

8 取一个开口圈连接在抓夹上，
再另取一个开口圈连接抓夹
和制作好的果子串，完成硕
果累累抓夹饰品的制作。

丰收麦穗帽针（反剑型）

◆材料

切　　片　黄色棉布 1.5cm×1.5cm×90 片

辅助材料　约 10cm 长的 26 号纸包铁丝 3 根、燕子装饰吊片 1 个、直径 5mm 的直孔珍珠 1 颗、球针 1 根、开口圈 2 个、麂皮绒绳 1 根、缠绕线适量、黄色捆绑线适量

主体配件　帽针配件 1 套

◆ 制作过程演示——捏片制作

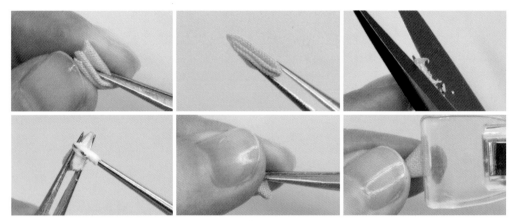

1 参考太阳花一字夹案例中步骤 4~6 的做法，将一片黄色棉布切片制作成剑型捏片，抹上适量白乳胶，夹上拼布夹固定捏片。

2 待白乳胶干透后取下捏片，用镊子夹住捏片底部保持稳固。用拇指和食指配合，打开捏片底部两边并向上翻起。

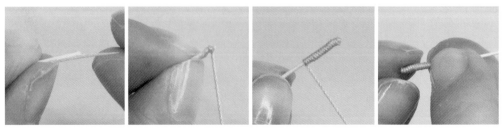

3 用镊子夹住捏片背尖部，整理形状使捏片完全打开，做出形状优美的反剑型捏片。用同样的方法将 90 片切片全部制作成反剑型捏片。

◆ 制作过程演示——捏片组合

4 用黄色捆绑线一端蘸适量白胶，将其粘在纸包铁丝的一端，在铁丝上紧密缠线（注意不要露出铁丝），缠绕约 1cm 后换手，用左手捏住缠绕部防止捆绑线散开。

5 在纸包铁丝上抹上适量白乳胶，用右手小指勾住捆绑线绷直，右手拇指食指捏住抹胶处（保证铁丝均匀抹上薄薄的白乳胶），左手捏住缠绕部分小心旋转。

6 重复上一步操作，慢慢将捆绑线密布黏合在纸包铁丝上，待缠绕约 6cm 后用剪刀剪断捆绑线。

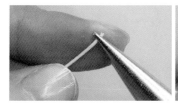

7 用平口钳夹住处理好的纸包铁丝另一端，将其弯折成钩环，做出麦秆。用同样的方法，用纸包铁丝和黄色捆绑线再做出两根麦秆。

8 取一片反剑型捏片，在内部抹适量白乳胶，黏合在准备好的麦秆钩环一端。紧邻第一片粘上第二片、第三片，让捏片彼此连接、包合住纸包铁丝。整理捏片形状使其稳固均匀，做出一粒麦粒。

第二层的捏片尖和第一层捏片的中线对齐

9 在第一层 3 片捏片的间隙中，往下退约半片捏片的距离，粘上第二层的 3 片捏片，同样让彼此连接、包合纸包铁丝，捏合使其粘稳。层层错开，继续黏合 10 层左右，做出一枝麦穗。用同样的方法再制作两枝麦穗。

◆ 制作过程演示——组合固定

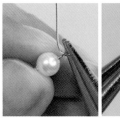

10 取一个球针，串上装饰珍珠。先用圆口钳拧出吊环，并用铜丝在圆环下方缠绕两圈进行固定，再用剪钳剪去多余部分，用开口圈将其固定在燕子装饰吊片的尾部。

11 准备好3枝麦穗、1套帽针配件、一组燕子装饰吊片。

12 将麦穗拢成参差不齐的一束，用缠绕线简单缠绕固定，把麦穗束并入帽针顶部，用缠绕线继续缠绕固定，剪去多余的缠绕线，点上适量万能胶黏合固定。

13 剪取适当长度的麂皮绒绳，捆扎在麦穗根部，遮住缠绕线。用开口圈将燕子装饰吊片连接在绳结处，完成丰收麦穗帽针饰品的制作。

石竹秋草立饰（裂口圆型）

◆材料

切　　　片	紫色渐变点染 5 姆米洋纺 1.5cm×1.5cm×45 片
辅助材料	装饰蕾丝纸叶子 3 片
主体配件	透明相框配件 1 套

◆ 制作过程演示——捏片制作

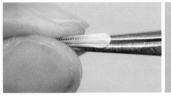

1 参考小圆梅冰箱贴案例中步骤 2~9 的做法，将一片紫色渐变点染切片制作成圆型捏片。

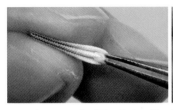

2 用镊子尖端蘸适量白乳胶，抹入捏片背部褶间，用镊子夹住捏片背部，捏紧黏合。

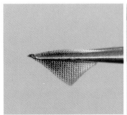

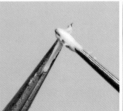

3 用镊子夹住捏片尖部，尽可能地偏上，贴合镊子用剪刀切边。在捏片底部抹适量白乳胶，用手抹去余胶并捏合压平。

4 趁白乳胶半干时打开捏片尖部，做出 3 支分叉，整理捏片，使捏片形状流畅、整齐，注意避免明显的胶痕，完成裂口圆型捏片的制作。用同样的方法将剩余的 44 片切片全部制作成裂口圆型捏片。

◆ 制作过程演示——捏片组合

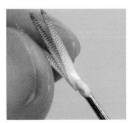

5 取一片裂口圆型捏片，在根部一侧抹适量白乳胶，将其与另一片捏片黏合，在两片中间插入第三片捏片，一片石竹花瓣制作完成。用同样的方法组合做出 15 片石竹花瓣。

◆ 制作过程演示——组合固定

6 拿出准备好的透明相框配件，仔细擦拭干净两片玻璃夹板。

7 在一片玻璃夹板上排布好蕾丝纸叶子，小心放上另一片玻璃夹板，仔细对齐。在玻璃夹板的 4 个角装上固定夹，装入相框固定。

8 擦净玻璃夹板表面，在石竹花瓣底部涂适量万能胶，将其黏合在玻璃夹板的合适位置，间隔适当距离排布 5 片石竹花瓣，使其组成一朵花。有层次地排布 3 朵石竹花，完成石竹秋草立饰摆件的制作。

4.4 清冬惬意

"天地风霜尽,乾坤气象和。"冬天总是潜伏着令人心动的暗号,凌寒的花朵、温暖的围巾、初雪的飘落、新年的钟声……不如用细工花饰装点,迎接新一年的到来。

山茶花珍珠耳夹〈特殊圆型〉

◆ **材料**　切　片　深红色 20 姆米双绉 4.5cm×4.5cm×16 片
　　　　　　底　座　直径约 3cm 的圆形卡纸 2 片、深红色 20 姆米双绉底座包布 2 片、24 号纸包铁丝 2 根
　　　　　　辅助材料　直径 10mm 棉花珍珠 2 颗、直径 8mm 棉花珍珠 2 颗、定位珠 2 颗
　　　　　　主体配件　网蒂耳夹配件 1 对

◆ 制作过程演示——底座制作

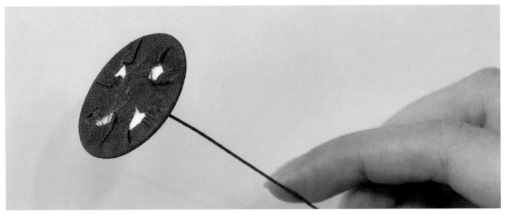

1 参考平底座的做法，使用和主体同样的深红色底座包布，制作两个直径约 3cm 的平底座。

◆ 制作过程演示——捏片制作

2 取一片 4.5cm×4.5cm 的深红色 20 姆米双绉切片，沿对角线均匀抹上适量白乳胶（尖角一侧也抹上少量白乳胶），用镊子将切片沿抹胶对角线对折后夹紧，黏合整条对角线。

3 用镊子夹住捏片中线对折，然后夹住对折后的捏片中线，用手分开捏片并向上折，用镊子夹住，制作出圆型捏片。

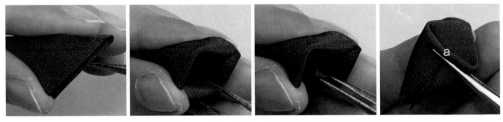

4 用拇指和食指轻轻压住捏片防止散开，用镊子辅助，在保持圆型捏片形状不变的基础上按压捏片背部，将两侧底部折向中线。注意，a 点即底部两边的连接点。

5 左手拇指和食指压住 a 点保持捏片形状，右手轻轻拉开捏片两角。拉开过程中可以借助镊子一边拉开一边整理形状，使捏片两角自然舒展。

6 蘸取适量白乳胶抹入 a 点两边折角内侧将其粘稳，整理形状，完成特殊圆型捏片的制作。用同样的方法一共制作出 16 个捏片。

◆ **制作过程演示——捏片组合**

7 取一片制作好的特殊圆型捏片，在尖角背面均匀抹上适量白乳胶，然后把捏片尖角朝向底座中央黏合在底座上，并保证 a 点贴合底座边缘。

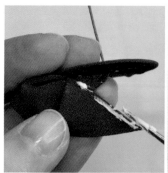  

8 在捏片一侧底边仔细抹上适量白乳胶，将捏片贴合底座弧度黏合在底座上。这样，第一个捏片组合制作完成。

9 参考前面步骤黏合第二个捏片，同样需保证 a 点贴合底座边缘并被第一片捏片覆盖。在第二个捏片靠近第一个捏片一侧的底边外部抹适量白乳胶，将其粘在底座上，调整捏片，使第二个捏片边缘弧度流畅、自然。

10 依次组合好第一层 5 个捏片，将第一个捏片的另一侧底边拉到内侧（将第五个捏片的侧边藏入第一个捏片的 a 点下），用白乳胶将第一个捏片的里侧边粘在底座上，使捏片彼此交错且形状自然、饱满，完成第一层捏片组合的制作。

11 参考第一层彼此交错、依次固定的组合方式，组合第二层的 3 个捏片。至此，一朵山茶花就组合制作完成，用同样的方法做出另一朵。

◆ **制作过程演示——组合固定**

12 准备好棉花珍珠、网筛耳夹配件和制作好的山茶花。

13 用镊子夹住棉花珍珠，蘸取适量白乳胶，粘入山茶花中心，让两颗棉花珍珠彼此相邻。

14 将耳夹网筛、定位珠依次串在底座的纸包铁丝上，用平口钳尽可能地贴合底座夹扁定位珠固定网筛，把铁丝弯入网筛内部，再用剪钳剪去多余铁丝。

15 把网筛嵌入耳夹底座，用平口钳压倒 4 个爪将其固定。用同样的方法固定好另一朵山茶花，完成一对山茶花珍珠耳夹的制作。

清冷水仙手镯（捏尖叠褶型）

◆ 材料

切 片	白色 20 姆米双绉 3.5cm×3.5cm×12 片、黄色 10 姆米双绉 1.5cm×1.5cm×6 片
底 座	直径约 1.4cm 的圆形卡纸 2 片、白色底座包布 2 片、24 号纸包铁丝 2 根、嫩绿色 72 号玉线适量
辅助材料	直径约 0.4cm 的珍珠 2 颗、装饰切面珠 1 颗、铃铛 1 颗、球针 1 根、开口圈 2 个、缠绕线适量、墨绿色捆绑线适量
主体配件	手镯配件 1 个

◆ 制作过程演示——底座制作

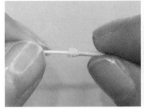 

1 参考海棠初绽发簪案例中步骤 1~3 的做法，将纸包铁丝穿入嫩绿色玉线中。

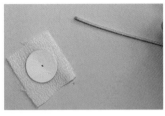 

2 参考平底座的做法，使用步骤 1 准备好的铁丝制作平底座，共制作两支直径约 1.4cm 的平底座。

◆ 制作过程演示——捏片制作

 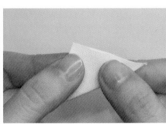 

3 取一片 3.5cm×3.5cm 的白色双绉切片，给切片对角线和一侧尖角抹上适量白乳胶，将切片沿抹胶对角线对折，并用镊子夹紧，黏合整条对角线。

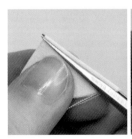   

4 参考简洁吊环壁挂案例中步骤 2~5 的做法，制作叠褶型捏片，完成后将两边尖角往下拉一点，对齐尾部折角，同时将捏片根部整理整齐。

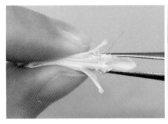 

5 用镊子尖部蘸少量白乳胶，抹入捏片根部的褶子间，用手捏紧粘牢。

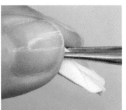

6 用镊子夹住捏片并切边，在捏片底部抹适量白乳胶，用手抹去余胶，捏紧黏合。

7 趁白乳胶半干时轻轻打开捏片，使其形成弧度，然后用镊子夹住捏片边缘中心点，略微提一下使其形成
尖角。继续用镊子整理捏片造型，使其圆润、饱满，完成捏尖叠褶型捏片的制作。用同样的方法一共制
作 12 片捏尖叠褶型捏片。

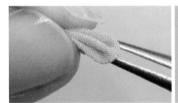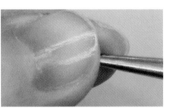

8 取一片 1.5cm×1.5cm 的黄色双绉切片，参考小圆梅冰箱贴案例中步骤 2~9 的做法，制作圆型捏片。在
捏片底部抹适量白乳胶，抹去余胶后捏合固定。

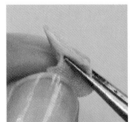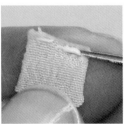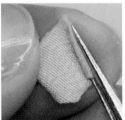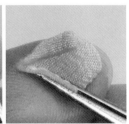

9 趁白乳胶半干打开捏片底部，在底部一侧内边缘抹少量白乳胶，用镊子贴合边缘夹住底边慢慢向内折，
将其黏合。用同样的方法处理另一侧。

10 将捏片两侧折角向背面翻
折，使其形成反圆型捏片。
用同样的方法一共制作 6 片
反圆型捏片。

◆ **制作过程演示——捏片组合**

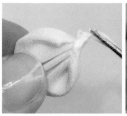

11 取一片制作好的捏尖叠褶型捏片，在底部抹适量白乳胶，把尖部对准底座中心，将其黏合在底座上。依次粘上另外两片捏片，整理造型，使捏片均匀分布，完成第一层捏片的铺排组合。

12 在第一层捏片的间隙中依次粘入 3 片捏尖叠褶型捏片，用镊子整理捏片，使花朵圆润、舒展。

13 给黄色反圆型捏片尖部抹适量白乳胶，把尖部对准两层花瓣中心进行黏合，使其黏合稳固。用镊子整理捏片，使 3 片捏片彼此相连呈围合状，然后在花朵中间粘一颗珍珠作花蕊。用同样的方法一共制作出两朵水仙花。

◆ **制作过程演示——组合固定**

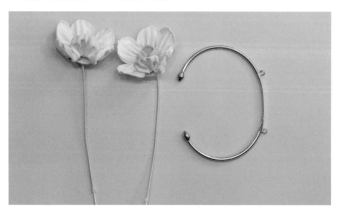

14 拿出制作好的两朵水仙花和准备的手镯配件。

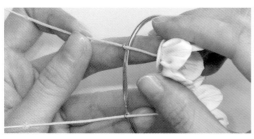 

15 将制作好的水仙花底座下的铁丝穿过手镯上的环，在距离底座约 1cm 处弯折铁丝，并将铁丝贴合手镯左右交叉对折。

 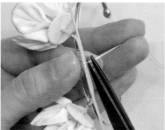 

16 用缠绕线进行简单缠绕固定，完成后用剪刀剪去多余缠绕线，用剪钳剪去多余铁丝。

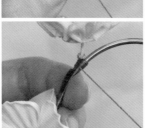

17 用墨绿色捆绑线一端蘸取少量白乳胶，黏合在手镯一侧的水仙花下。从此处开始缠线捆绑，为了美观稳固，捆绑一个来回后打结两次收尾。

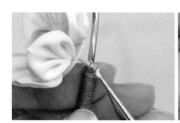  

18 掀起捆绑线，在其根部涂少量白乳胶，用手指轻轻将白乳胶揉入捆绑线间，使其黏合固定，用剪刀剪去多余捆绑线。

19 调整花朵位置，使两朵花彼此相接又不压迫，错落有致。

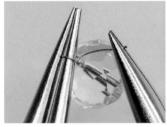  

20 将球针穿上装饰切面珠，利用圆口钳和平口钳将球针上的铜丝弯成圆环，制作出吊坠。

 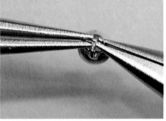 

21 准备相关配件，用开口圈将铃铛和装饰珠组合连接在一起。

22 用开口圈将装饰珠挂在两朵水仙花之间的手镯上，完成清冷水仙手镯的制作。

圣诞快乐两用夹（刽叠褶型）

◆材料

切　　片　正红色人造丝 3cm×3cm×6 片、4cm×4cm×12 片，深绿色 10 姆米电力纺 4cm×4cm×6 片
底　　座　直径 3.5cm 的保丽龙球 1 个、白色底座包布 1 片
辅助材料　金色石膏花蕊 1 束
主体配件　底座直径 2.5cm 的网筛两用夹配件 1 套

◆ 制作过程演示——底座制作

1 拿出准备好的网筛两用夹配件。

2 将直径 3.5cm 的保丽龙球嵌入圆尺上直径 1.4cm 的框，用力压出痕迹。

3 用美工刀沿压痕小心切下，即可获得一片底部直径约 1.4cm 的保丽龙球切片。

4 给保丽龙球切片底部抹适量白乳胶，将其黏合在网筛底座中央。

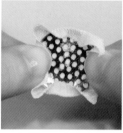

5 给底座包布均匀抹上白乳胶，参考平底座做法，包合处理好网筛，并将网筛上的余布全部纳入网筛内部。

6 将包好的网筛嵌入两用夹底座，用平口钳压倒 4 个爪将网筛包合，底座制作完成。

◆ **制作过程演示——捏片制作**

7 取一片 3cm×3cm 的正红色人造丝切片，参考太阳花一字夹案例中步骤 4~6 的做法，制作剑型捏片。

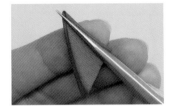  

8 保持剑型捏片的形状，用镊子沿捏片背部夹稳。

9 参考叠褶型捏片的做法，打开剑型捏片，用镊子压出折痕，并由下往上折起。

10 重复上一步，再折一次。

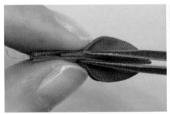 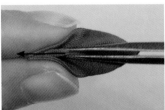 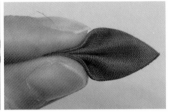

11 用镊子夹住捏片根部，整理整齐后调整方向，用左手捏住捏片根部。用镊子夹住内部两褶，向捏片尖部靠拢一些，使捏片边缘弧度流畅、圆润。

12 用镊子夹住褶皱根部，在褶皱根部切边。

 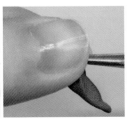  

13 在捏片底部抹适量白乳胶，用手抹去余胶，将其捏合压平。用镊子整理形状，使捏片舒展，完成剑叠褶型捏片的制作。

14 用同样的方法，将准备好的切片全部制作成剑叠褶型捏片。

◆ 制作过程演示——捏片组合

15 取一个用 3cm×3cm 正红色人造丝切片制作的剑叠褶型捏片，在底部抹适量白乳胶，把尖部对准底座中心进行黏合。

16 应用十字对称组合法依次铺排第一层的剩余 5 个捏片，完成后用镊子整理捏片，使其均匀、对称、黏合稳固。

17 在第一层捏片的间隙中继续应用十字对称组合法依次铺排第二层的 6 个捏片（4cm×4cm 的正红色剑叠褶型捏片），铺排完成后用镊子将捏片整理整齐。

18 在第二层捏片的间隙中应用十字对称组合法铺排第三层的 6 片捏片，铺排完后用镊子将捏片整理整齐。

19 在第三层捏片底面的间隙中铺排第四层 6 片深绿色捏片，铺排完成后用镊子将捏片整理整齐，使花朵整体圆润、舒展。

◆ 制作过程演示——组合固定

20 取出金色石膏花蕊，在距离顶端约 1cm 处用缠绕线扎紧，剪去多余花蕊杆，将其黏合在花朵中央，完成圣诞快乐两用夹的制作。

岁寒三友小发梳〈叠色双层剑型、双层圆型〉

◆材料

切 片	松：	白色 10 姆米乔其纱 2cm×2cm×6 片、1.5cm×1.5cm×6 片，松绿平纹棉 2cm×2cm×6 片、 1.5cm×1.5cm×6 片
	竹：	白色 10 姆米乔其纱 2cm×2cm×9 片、竹绿渐变点染 10 姆米电力纺 2cm×2cm×9 片
	梅：	白色 10 姆米乔其纱 1.5cm×1.5cm×3 片、1cm×1cm×3 片，正红色人造丝 1.5cm×1.5cm×7 片、 1cm×1cm×7 片
底 座	松：	24 号纸包铁丝 2 根、直径约 1.4cm 及直径约 1.2cm 的半圆形卡纸各 1 片、白色底座包布 2 片
	竹：	24 号纸包铁丝 3 根、白色底座包布 3 片
	梅：	26 号纸包铁丝 3 根、24 号纸包铁丝 1 根、直径约 0.6cm 的圆形卡纸 2 片、白色底座包布 2 片
辅助材料	松：	30 号金色纸包铁丝 1 根
	梅：	直径约 7mm 的单孔珍珠 1 颗、石膏花蕊 2 束、缠绕线若干、棕色捆绑线若干
主体配件		五齿发梳 1 个

◆ 制作过程演示——底座制作

1　参考平底座的做法，制作两个半圆形平底座，作为松的底座。

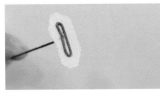

2　取一根 24 号纸包铁丝，将其一端弯成长约 1.2cm 的条状，参考平底座的做法，为其包上底座包布。用同样的方法制作 3 个条形底座，作为竹的底座。

3　参考平底座的做法，制作两个圆形平底座，作为梅的底座。

◆ 制作过程演示——捏片制作

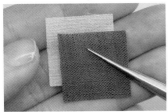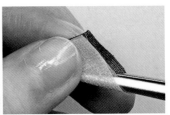

4　取一片 2cm×2cm 的白色乔其纱切片和一片 2cm×2cm 的松绿平纹棉切片，将两块切片重叠（白色乔其纱在外侧），用镊子夹住对角线略上的位置，分开两片捏片并分别由下往上对折。

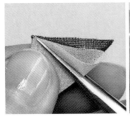

5　参考海棠初绽发钗案例中步骤 5~12 的做法，制作双层圆型捏片，用镊子立起捏片边缘，使其形状圆润。

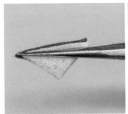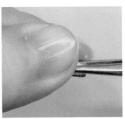

6　在捏片背部约 1/3 处切边，在底部抹适量白乳胶，用手抹去余胶后捏紧压平。

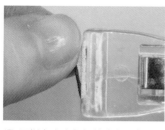

7 用拼布夹夹住捏片底部，等待白乳胶完全干透，叠色双层剑型捏片就做好了。用同样的方法一共制作6片大松叶、6片小松叶。

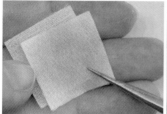

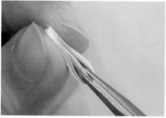

8 取一片 2cm×2cm 的白色乔其纱切片和一片 2cm×2cm 的竹绿渐变点染电力纺切片，将两块切片重叠（白色乔其纱在外侧），采用与松叶捏片同样的做法制作双层圆型捏片，用同样的方法一共制作 9片竹叶。

9 取一片 1.5cm×1.5cm 的白色乔其纱切片和一片 1.5cm×1.5cm 的正红色人造丝切片，将两块切片重叠（白色乔其纱在外侧），采用与松叶捏片同样的做法制作双层圆型捏片。

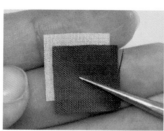
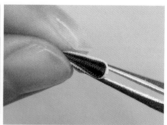

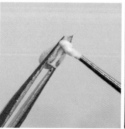

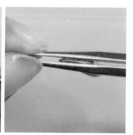

10 用剪刀剪去捏片底边多余的抽丝，涂抹适量白乳胶，用手捏紧压平，用镊子压紧捏片底部待白乳胶半干。

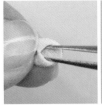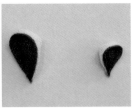

11 白乳胶半干后打开捏片背部，立起捏片边缘，使捏片形状圆润、饱满。用同样的方法一共制作 3 片大的带雪梅花瓣、3 片小的带雪梅花瓣。

12 用上一步的方法，将余下的 4 片 1.5cm×1.5cm 和 4 片 1cm×1cm 的正红色人造丝切片进行组合，做成两大、两小梅花花瓣捏片。

◆ **制作过程演示——捏片组合**

13 取一片制作好的松叶，在底部尖端抹胶并将其粘在半圆形底座上，在对称位置黏合另一片松叶（两片松叶之间要稍微留一点距离）。在两边松叶之间依次黏合另外 4 片松叶，调整松叶造型，使其排布均匀，松枝整体圆润、饱满。

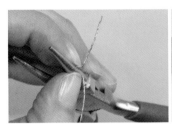

14 取一根 30 号金色纸包铁丝，用圆口钳将其弯出一个圈，比照松枝尺寸剪去两边多余的铁丝。

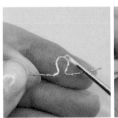

15 在装饰铁丝的圆环部分抹胶并黏合在松枝中央，用同样的方法制作一大一小两枝松枝。

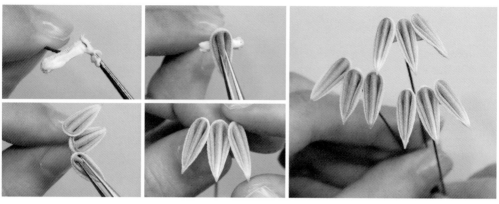

16 在准备好的竹子底座上抹胶，依次粘上 3 片竹叶。整理形状，使竹叶尾部贴合在一起，尖部散开。用同样的方法一共制作 3 枝竹叶。

17 取一片制作好的带雪梅花瓣，在底部尖端涂胶后对准底座中心进行黏合。依次粘上两片带雪梅花瓣、两片梅花瓣，调整形状，使花朵造型圆润、饱满。

18 取一束石膏花蕊，在距顶端适当位置用缠绕线扎紧，剪去多余花蕊杆，将其粘在花朵中央。用同样的方法制作一大一小两枝梅花。

◆ 制作过程演示——组合固定

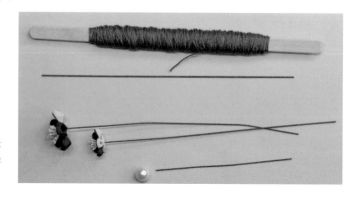

19 准备好棕色捆绑线、24 号纸包铁丝、两枝梅花、单孔珍珠和 26 号纸包铁丝备用。

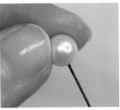

20 取一根 26 号纸包铁丝，用一端蘸取适量万能胶，插入单孔珍珠进行黏合。

21 用平口钳将 24 号纸包铁丝一端夹成钩状，用铁丝上的钩夹住棕色捆绑线。将捆绑线打结，美观地涂胶固定，从此处开始紧密缠线。

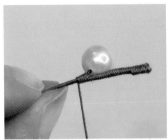

22 缠绕约 1.3cm 后，将前面制作的珍珠缠入作为花苞。继续缠绕约 0.8cm，缠入小号梅花（注意，带雪花瓣朝上）。继续缠绕约 1cm，缠入大号梅花（注意，带雪花瓣朝上）。

23 缠绕约 3cm 后进行简单固定，用剪刀剪去多余线头，整理花朵，使其分布均匀、自然。

24 准备 2 枝松枝、3 枝竹叶、
组合好的梅枝和五齿小发梳。

25 大致确定好各部件的相对位置，找到铁丝的弯折点。修剪梅枝上的多余铁丝，只留梅枝主干（即 24
号纸包铁丝）。

26 用缠绕线简单固定好梅枝，依次缠入 2 枝松枝，折起松枝和梅枝，趁机调整位置。依次缠入 3 枝竹叶，
一边调整位置一边用缠绕线进行简单固定。

 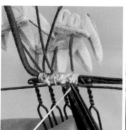  

27 折返一根纸包铁丝钩住发梳，用缠绕线固定勾回的纸包铁丝，打结收尾，用剪刀剪去多余缠绕线并在
收尾处点涂万能胶固定，等万能胶干透后再用剪钳剪去多余铁丝。

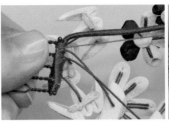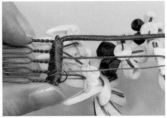

28 用棕色捆绑线一端蘸取少量白乳胶，黏合在发梳一侧，开始捆绑缠线，期间可以适当改变部件角度便于捆绑，完成后再整理恢复。为了美观稳固，捆绑一个来回后打结收尾两次。

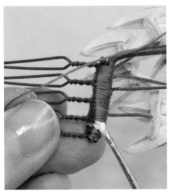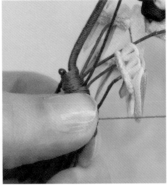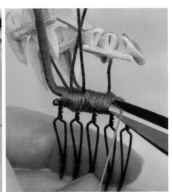

29 在捆绑线收尾处涂少量白乳胶，用手指轻轻将白乳胶揉入捆绑线间黏合固定。用剪刀剪去多余捆绑线，整理各花枝位置，完成岁寒三友小发梳的制作。

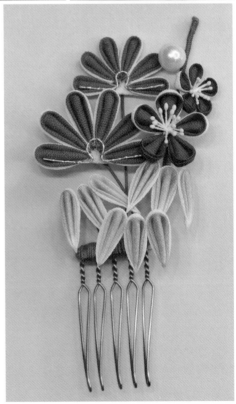

第5章

新材料的运用——生活中的美好

本章细工花饰作品的创作主题源于日常生活，

分为怡情养性、寄情于物两节。本章选用生活中常用的，

但在细工花饰作品中不常用的一些新材料，

完成一系列的细工花饰作品创作。

5.1 怡情养性

随着时代的发展，结合特殊新材料制作的细工花饰作品令人耳目一新，下面就让这份魅力"浸染"你的闲暇时光吧。

勾梦花朵串灯

◆材料

布　料	粉紫混染 12 姆米电力纺 4cm×4cm×52 片、 4.5cm×4.5cm×33 片
主体配件	20 灯珠 LED 串灯 1 条

◆ 制作过程演示——LED 串灯准备

 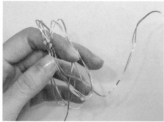

1 散开准备好的 LED 串灯。

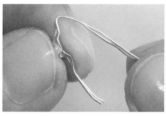  

2 捏住一个灯珠，紧贴灯珠一侧弯折电线，将左右电线合并后捏住灯珠扭转，将合并的电线拧成一股，长度约 1cm。

3 用同样的方法处理全部灯珠，串灯底座准备完成。

◆ 制作过程演示——捏片制作

  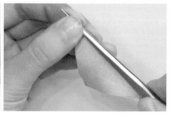

4 取一片准备好的粉紫混染 12 姆米电力纺切片，沿对角线抹上适量白乳胶。将切片沿抹胶对角线对折，用镊子夹紧，黏合整条对角线。

 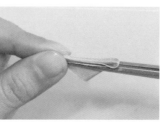

5 参考小圆梅冰箱贴案例中步骤 4~8 的做法，制作圆型捏片。

 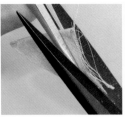 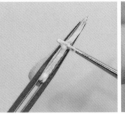 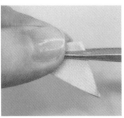

6 在捏片背部约 1/5 处切边，然后在捏片底部抹适量白乳胶，用手抹去余胶后将捏片捏合压平。

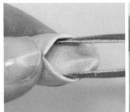 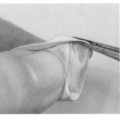  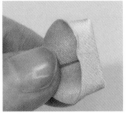

7 待白乳胶大致干透，用镊子打开捏片背部，将捏片翻过来，做成反圆型捏片。

8 用镊子夹住捏片边缘中央，用力拔几次使其形成尖角，完成捏尖反圆型捏片的制作。用同样的方法制作 33 片 4.5cm×4.5cm 和 52 片 4cm×4cm 两种捏尖反圆型捏片。

◆ 制作过程演示——组合固定

9 取一片制作好的捏尖反圆型捏片，在尖部抹适量白乳胶，再将捏片黏合在准备好的灯珠根部，在灯珠根部依次黏合其他捏片，使其形成花形。

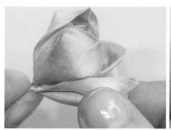

10 继续组合捏片，做出各种形状的花朵，用手调整花朵，使花序错落有致、舒展自然。注意，组合时可根据个人喜好适量增减捏片数量或组合搭配不同尺寸的捏片。本案例中每朵花使用捏片数量为3~6片。

11 将20个灯珠全部包裹上捏片，完成幻梦花朵串灯的制作。此处使用的是可更换电池的LED灯，也可以直接使用连接电源的LED灯。

花朵串灯是非常方便且实用的装饰物件。除了可以直接挂在喜欢的地方让其自然垂下，营造浪漫温馨的氛围，还可以用花朵串灯做出许多有趣的作品。不管是白天还是黑夜，发光的花朵都会一直陪在你身边。

应用1

将花朵串灯缠绕在金属网格备忘板上，备忘板就拥有了独特的风格。

请在这里自由地组合日常备忘贴吧！我们还可以利用第3章里制作的小圆榉冰箱贴，让备忘贴的使用更加方便、稳固又可爱。

应用拓展

更多变化，等待你去发现哦！

应用2

连接花朵串灯的电线是金属材质的，我们可以随心所欲地对其进行改造。例如，将串灯弯折成喜欢的形状，配合镂空的铁艺花瓶，我们就拥有了一瓶永不凋谢、悬浮于空中的发光花束。

夜幕降临之时，就让它陪伴你度过夜读时光吧。

缤纷糖果手链

◆材料

布　　料	5姆米电力纺切片1cm×1cm×10片（红色）、1cm×1cm×10片（浅红色）、1cm×1cm×10片（黄色）、1cm×1cm×10片（浅黄色）、1cm×1cm×10片（紫色）、1cm×1cm×10片（浅紫色）、1cm×1cm×20片（绿色）、1cm×1cm×20片（蓝色）
辅助材料	直径约8mm的直孔珍珠5颗、直径约6mm的直孔珍珠2颗、9字针7根、开口圈9个
主体配件	龙虾扣手链配件1套

◆ 制作过程演示——捏片制作

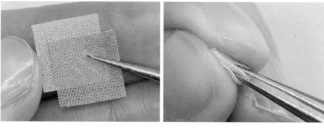

1　取 1cm×1cm 的红色、浅红色切片各 1 片，参考海棠初绽发钗案例中步骤 5~12 的做法，制作双层圆型捏片。

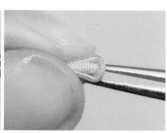

2　用镊子立起捏片边缘，使捏片弧度圆润、饱满。

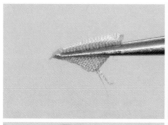

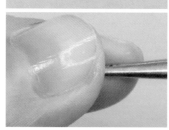

3　在捏片背部约 1/2 处切边，在捏片底部抹适量白乳胶，用手抹去余胶后将捏片捏紧压平，给捏片夹上拼布夹等待白乳胶干透。用同样的方法，将准备的所有切片全部做成双层圆型捏片，注意颜色搭配。

◆ 制作过程演示——捏片组合

4　取一片制作好的捏片，在其一侧抹上少量白乳胶，并与另一片捏片对齐黏合。

  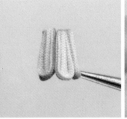 

5 重复步骤 4，依次连接 5 片捏片，用剪钳剪去尖部，使捏片底部平整。用同样的方法制作两个这样的糖纸部件。

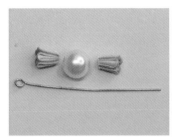 

6 用 9 字针连接两个糖纸部件和 8mm 珍珠。

7 在适当位置用剪钳剪去 9 字针上多余的铜丝，用圆口钳将剩余部分弯成钩环，完成一个糖果的制作。

8 用上述方法，将制作的捏片组合成 5 色糖果。

◆ 制作过程演示——组合固定

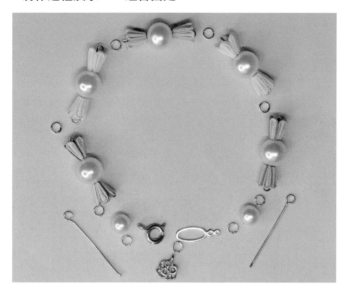

9 依次组合连接各部件。

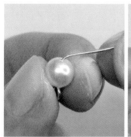

10 取一颗直径约 6mm 的直孔珍珠，用 9 字针穿起来，制作出两端都是挂环的珍珠连接部件。

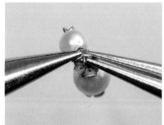

11 把制作的两组珍珠连接部件
分别与糖果、龙虾扣等部件
组合连接起来，完成缤纷糖
果手链的制作。

应用拓展

谁能不喜爱五彩缤纷的糖果呢! 糖果部件大小适中、色彩多样, 除了手链, 还可以组合成其他式样。

应用1

用不同颜色的糖果组合成不对称耳环, 和谐之中充
满活泼, 改变糖果部件的颜色搭配和装饰配件, 就可
以做出不同风格的细工花饰作品。

应用拓展

更多变化，等待你去发现哦！

应用2

小小的糖果搭配一颗闪亮的星星吊坠，
再在两端串上细细的链条，精致又可爱
的糖果项链就完成了。

不管是糖果的数量还是颜色，大家都可
以根据各自的喜好搭配，快去尝试制作
出属于自己的糖果系列饰品吧！

5.2 寄情于物

细工花饰作品饱含对吉祥祝福的祈愿，因此制作细工花饰作品不仅能陶冶情操，还能助你传达心意哦。

永恒回忆玻璃罩吊坠

◆ **材料**

布 料	人造丝纹缩缅 2.5cm×2.5cm×5 片、1.5cm×1.5cm×2 片、1cm×1cm×1 片
底 座	直径 1cm 的圆形卡纸 1 片、白色底座包布 1 片、26 号铁丝 1 根
辅助材料	花蕊 1 颗、项链配件 1 条、玻璃罩木底吊坠 1 套
主体配件	项链配件 1 条

◆ 制作过程演示——底座制作

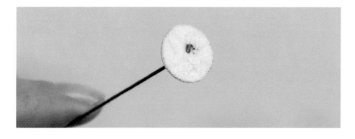

1 参考平底座的做法，制作一个平底座。

◆ 制作过程演示——捏片制作

 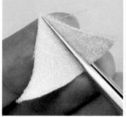  

2 取一片 2.5cm×2.5cm 的人造丝纹缩缅切片，沿对角线均匀抹上白乳胶，沿抹胶对角线对折切片并压紧抹胶处，参考简洁吊环壁挂案例中步骤 2~5 的做法，制作叠褶型捏片。

3 轻轻捏住捏片，保持褶子不散，用镊子将捏片两边的尖角往下拉一点，对齐尾部折角，用镊子尖蘸取少量白乳胶抹入捏片根部褶间，用手捏紧压实。

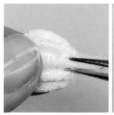  

4 给捏片背面根部的褶间也抹入适量白乳胶并捏紧压实，整理形状，使捏片圆润、舒展。

5 用镊子夹住捏片尖部并切边，捏片雏形完成。注意，如果底部散开，可抹胶重新将其捏合。

6 用镊子尖蘸取少量白乳胶抹在捏片边缘中央，用镊子夹住抹胶处形成尖角。整理形状，使捏片弧度流畅、自然，完成捏尖叠褶型捏片的制作。用同样的方法一共制作 3 个 2.5cm×2.5cm 的捏尖叠褶型捏片，再分别取 2.5cm×2.5cm、1.5cm×1.5cm 的切片，参考步骤 2~5 的方法，各自制作两个叠褶型捏片。

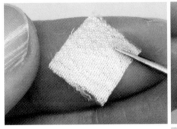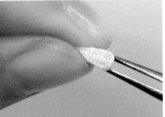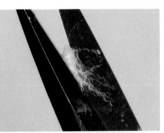

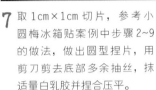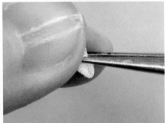

7 取 1cm×1cm 切片，参考小圆梅冰箱贴案例中步骤 2~9 的做法，做出圆型捏片，用剪刀剪去底部多余抽丝，抹适量白乳胶并捏合压平。

8 用 3 种尺寸的切片制作出 4 种造型，共 8 片捏片。

◆ 制作过程演示——捏片组合

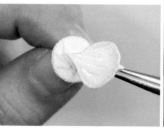

9 取一片制作好的捏尖叠褶型捏片，底部抹适量白乳胶并粘在底座中央（尖部靠近底座边缘）。在左右分别黏合两片同款捏片，整理形状使其排布均匀，完成第一层捏片在底座上的铺排组合。

10 在第一层 3 片捏片之间黏合 2 片用 2.5cm×2.5cm 切片制作的叠褶型捏片，整理形状，使其立体饱满。

11 在步骤 9 黏合第一片捏片的对称位置粘上用 1cm×1cm 切片制作的圆型捏片。

12 在步骤 11 黏合的圆型捏片两侧分别黏合用 1.5cm×1.5cm 切片制作的叠褶型捏片，整理花朵形状，使其立体饱满、自然舒展。

13 在花朵中央粘上装饰花蕊，完成蝴蝶兰花朵的制作。

◆ **制作过程演示——吊坠组合**

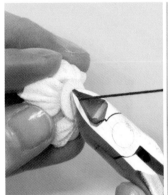

14 待白乳胶干透后贴合底座，用剪钳剪去多余铁丝。准备好玻璃罩底托配件和制作的蝴蝶兰花朵。

15 在蝴蝶兰花朵底座背面抹适量白乳胶，将其黏合在木质底托的合适位置，可趁白乳胶未干透适当调整位置。

16 擦干净玻璃罩，沿玻璃罩底边抹适量万能胶，小心地将玻璃罩嵌入底座（应避免万能胶碰到花朵）。
用手压住玻璃罩，待万能胶完全干透，串上项链配件，完成永恒回忆玻璃罩吊坠的制作。

晶莹别透的玻璃罩，
保存着无数的回忆和思念……

应用1
玻璃罩内的细工花饰作品可以随意更换喜欢
的类型和组合，这里若将蝴蝶兰替换成第4章
的紫阳花，是不是也同样适合呢？根据作品风
格搭配合适的底托也是制作的乐趣所在。

应用2

因为有玻璃罩的保护，这件
作品比一般细工花饰作品更
容易打理。除了可以作为吊
坠，还可以作为装饰或者把
玩的小物件。

平安喜乐药玉花球

◆ 材料

布　　料　1cm×1cm 各色双绉切片约 200 片
底　　座　直径 2cm 的保丽龙球 1 个、白色底座包布 1 片、26 号纸包铁丝 1 根
辅助材料　各色花蕊装饰珠若干

◆ 制作过程演示——底座制作

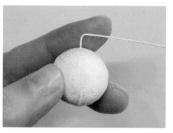

1 参考球形底座的做法，制作一个球形底座，在距离保丽龙球底部约5mm处用平口钳弯折铁丝。

2 用圆口钳卷回多余铁丝做出圆环，将剩余铁丝沿圆环根部的铁丝紧密缠绕，直至紧贴保丽龙球。用剪钳剪去多余铁丝，整理切口，完成底座制作。

◆ 制作过程演示——捏片制作

3 准备好各色1cm×1cm切片，注意整体颜色搭配。本案例是以芒塞尔色系五大基本色为配色思路，为了达到清新可爱的效果，选用了浅色。

·芒塞尔色系·

所谓芒塞尔色系，即以5个基本色——红(R)、黄(Y)、绿(G)、蓝(B)、紫(P)，再加上5个中间色——黄红(YR)、黄绿(YG)、蓝绿(BG)、蓝紫(BP)、红紫(RP)作为基准的色系。

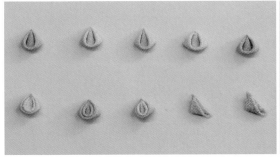

4　用准备好的各色切片制作圆型捏片、双重圆型捏片、剑型捏片等多种造型的捏片，一共制作约150个捏
　　片备用。本案例准备的切片约200片，双重圆型捏片是采用双层切片制作的，故做出的捏片数量在150
　　左右。

◆ 制作过程演示——组合固定

5　取制作好的捏片，直接黏合
　　在准备好的底座上组成花朵。
　　注意，组合时可优先从底座
　　的挂环周边开始黏合，同时
　　注意遮挡挂环的根部。

6　继续组合捏片，尽可能密地排布花朵，注意色彩搭配。为避免色彩混杂，建议每朵花都使用同色捏片。
　　此外，底座表面布满花朵之后，若还有较大空隙，可紧靠已组合的花朵继续组合出半朵或大半朵花朵来
　　填满空隙。

7　当底座表面被花朵铺满没有较大空隙之后，在花朵的小间隙中填入零碎的绿色系、黄色系等剑型捏片作
　　为叶子。也可根据间隙形状，填入零散的圆型捏片花瓣，最终在底座表面密密铺满各色花朵和叶子。

8 用准备的装饰珠制作花蕊，可根据花朵的颜色、形状、花朵间的相邻关系，适当组合装饰珠，使其填满全部花蕊。

应用拓展

"药玉"是日本受中国端午习俗影响而产生的一种包裹香草的民俗物件。传统的药玉以各种香草、药草为内容物，用布料包裹后以丝线细细缠绕成球状，再用五色丝线装饰。药玉香气持久、美观实用，既可用做悬挂装饰，也可随身携带当作香囊。

后来，为了使药玉更加美观，渐渐发展出了各种装饰药玉球的方法，在球体表面密布花朵就是其中的一种。随着时代的发展，药玉因其形状美观、寓意吉祥，已然成为一件蕴含美好祝愿的装饰品。

大家如果有兴趣，可以用香囊材料做一件传统的药玉饰品，无论是自己玩赏，还是赠送给友人，都是非常风雅有趣的。

应用1

除了可以玩赏，药玉花球也具有实用性。在钩环上穿一条柔韧结实的皮绳，它就变成精致的绳式书签了，使用方便、外形美观，快试一试吧！

应用拓展

更多变化，等待你去发现哦！

应用2

花球的外形变化无穷，除了可以随机装饰多彩花朵外，还可以预先在球面做好规划，做出有油画效果的药玉花球。